필요의 탄생

REFRIGERATOR: The Story of Cool in The Kitchen

by Helen Peavitt was first published by Reaktion Books, London 2017.

In association with the Science Museum, London.

냉장고의 역사를 통해 살펴보는

필요의 탄생

헬렌 피빗 지음 | 서종기 옮김

푸른숲

일러두기

- 인명을 포함한 외국어표기는 국립국어원의 외국어표기법과 용례에 따라 표기했으며 최초 1회 병기를 원칙으로 했다.
- 전집 · 통서 · 단행본, 잡지 등은《 》로, 논문, 작품, 편명 등은 〈 〉로 표기했다.
- 인용 도서 가운데 국내에 출간된 것은 한국어판 제목을 표기했으나, 페이지 및 출간연도는 원서 기준으로 표기했다.
- 미주는 저자의 주이며, *는 옮긴이의 주다.

책을 시작하며

> 작년에 제가 우리 집 지하실에서 냉장고를 하나 만들었어요. 그 장치가 어떤 식으로 돌아가는지 보려고요. 알고 보니 '냉기' 같은 건 존재하지 않더군요. 단지 열이 적은 상태일 뿐이죠.
>
> — 앨턴 브라운Alton Brown(2005)[1]

지난 2012년, 약 300년간 열과 온도 연구에서 선봉을 맡아온 영국왕립학회The Royal Society[2]는 냉각 기술의 등장을 식품공학 역사상 '가장 중요한 혁신'으로 손꼽았다. 이유가 무엇이었을까? 현대 사회에서 냉장고(또는 냉각 기술)는 식량 공급과 식품 안전을 위해 절대 없어서는 안 될 발명품으로, 현재 이 물건을 향한 식품 시장과 소비자들의 의존도는 어느 때보다 높다. 물론 지금은 식품을 원산지에서 최종 소비지까지 운송하는 저온 유통 체계cold chain가 대체로 원활하게 가동되는지라 특별한 문제가 없는 한 우리가 이 시스템에 주목하는 일은 거의 없다. 하지만 이것이 제 역할을 못 할 때 생기는 문제는 일찍부터 사회적인 경각심을 불러일으켰다. 대표적인 사건은 빅토리아 시대* 후반에 이른바 '얼음 기근ice famine'으로 촉발된 최악의 식량난이었다. 얼음을 활용해 식품을 보존하는 데 익숙했던 당시 도시 사람들에게 얼음 부족 현상은 두려울 정도로 예민한 문제였다. 요즘은 이런 문제를 체감할 때가 한여름 정도일까? 내 경험을 이야기하자면, 얼마 전 폭염이 기승을 부리던 시기에 동네 슈퍼마켓의 냉장고가 고장 난 적이 있었다. 그때 우유를 포함한 유제품류는 아예 구경도 할 수 없었다. 물론 정전 사고로 냉동식품들이 녹아 온 집 안 바닥이 눅눅해졌을 때도 우리가 느끼는 바는 비슷하다. 그럴 때면 이 저온 유통이란 시스템이 얼마나 복잡하고 취약한가를 생각하게 된다. 그래봤자 조금 불편한 정도에 그치지만 말이다.

다양한 냉각 기술로 연결된 시스템의 말단을 차지하는 것은 바로 가정용 냉장고다. 이 기계 장치의 모양새는 현재 우리가 사용하는 수많은 물건 가운데 꽤나 익숙한 축에 속한다. 하얗고 깨끗한 외관을 자랑하는 이 상자는 가정에서 먹을 것과 마실 것을 보관하며 여봐란듯이 주방의 한자리를 차지하고 있다. 그 대상과 용도가 너무나도 명확하기에 우리는 냉장고를 구매하는 비용과 매달 드는 전기 요금을 두고 딱히 불만을 제기하

* 1837년부터 1901년까지 영국 빅토리아 여왕이 다스리던 시기. 정치·경제·사회·군사·과학기술·문화 등에 혁신이 일었던 영국 최고의 번영기였다.

지 않는다. 또 음식을 보존하고 사용자의 건강을 지킨다는 점에서 필요성에도 별다른 의문을 표하지 않는다. 그러나 이런 사고방식이 정착된 것도 알고 보면 그리 오래되지 않았다. 유럽 지역에서 가정용 냉장고를 주방의 필수 요소로 받아들인 것은 50년 전에 불과하고 미국도 그 기간이 80년에 지나지 않는다. 그 과정에서 '프릿지fridge'라는 애칭을 얻은 냉장고는 오늘날 어디서나 볼 수 있는 흔한 가전제품이 되었다. 그래서인지 이제는 굳이 사전에 "인공적으로 냉각이 가능하고 음식물을 저장하는 데 사용하는 기기 또는 구획된 공간"이라는 막연한 설명을 실을 필요도 없어 보인다.[3]

하지만 이처럼 시대를 한정 짓지 않는 광범위한 정의는 역사와 함께 형성되고 발전해온 것이다. 여기에는 각종 음식물과 물품 들을 저온 상태로 보관하는 데 썼던 상자와 수납장, 창고는 물론이고 현대적인 기계 장치나 얼음을 이용한 먼 옛날의 냉각 수단까지 모두 포함된다. 이런 특징은 과거부터 현재까지 냉장고 혹은 그와 같은 기능을 수행한 여러 기기와 구조물에서 쉽게 찾아볼 수 있다. 가정에서는 저택 뒤뜰에 마련된 얼음 동굴, 다양한 유형의 아이스박스, 차가운 골방과 벽장, 홈바home bar, 얼음 냉각기 등이 사실상 냉장고에 해당한다. 조금 더 범위를 넓혀보면 전통적인 얼음 저장고와 얼음 구덩이, 동력을 이용하는 냉동 화물차와 냉동 카트, 냉동 컨테이너도 냉장고라고 할 수 있다. 또 영어의 유의어 사전을 살펴보면 얼음방ice chamber이나 냉장실cool chamber, 얼음 상자ice chest, 냉동고freezer, 냉장고refrigerator(17세기에는 온도를 식히는 물건으로, 19세기 초에는 음식을 시원하게 보관하는 수납장으로 소개되었다), 냉기실chill-room, 냉동 창고coldstore, 냉장 창고cool store, 프릿지(1926), 급속 냉동기deep-freeze(1941) 등의 명칭을 연대순으로 확인할 수도 있다.

이 책의 중심 소재는 가정용 냉장고지만, 사실 이 기계 장치는 냉각 기술이라는 거대한 빙산에서 겉으로 드러난 아주 작은 부분에 지나지 않는다. 우선 1장과 2장에서는 새하얀 전기 냉장고 이전에 존재했던 식품 보관 방법과 다양한 역사적 배경을 다룬다. 그중에서 특히 흥미로운 것은 과학과 공업 기술, 문화라는 요소가 서로 얽혀 저온 유통 체계가 발전하면서 가정용 냉장고를 위한 기반이 마련되는 과정이다. 천연 얼음의 수확과 운송, 냉기와 저온 상태에 관한 과학적 탐구, 인공적으로 냉기를 생산하는 기계 장치의 등장과 저온 유통 체계의 발달…… 이 모든 것은 각 분야에서 탁월한 능력을 발휘한 선구자들이 당대에 일어난 믿음과 상상력, 지식 측면의 비약적인 성장과 더불어 이루어낸 것이었다. 그리고 그 결과로 탄생한 냉각 기술은 부패하기 쉬운 온갖 상품의 보존법과 수송 방식을 새롭게 바꾸며 19세기부터 줄곧 이 사회에 큰 영향을 미쳤다. 인류는 이런 발전이 이루어지기 전까지 음식물 보존 기술과 관련해 약 250년간 우여곡절을 겪으며 울고 웃기를 반복했다. 그러나 이 새로운 판도라의 상자가 열린 뒤로는 먹거리를 원산지부터 머나먼 목적지까지 차갑게 수송하는 것이 점차 평범한 일상으로 굳어졌다. 이후 저온 유통 체계는 상품의 수송량과 이동 거리를 늘려가며 수많은 지역 생산물이 세계 시장으로 진출하는 것을 도왔다. 돌이켜보면 19세기와 20세기는 냉장고의 시대라고 해도 과언이 아닌데, 21세기에 들어 우리 삶에서는 이런 경향이 더욱 심화되고 있다. TV 과학쇼 진행자이자 코미디언인 앨턴 브라운이 2005년에 한 인터뷰에서 별것 아니라는 투로 냉장고를 하나 만들었다고 말하는 대목은 냉각 기술이 현대 사회에서 얼마나 흔한지를 잘 보여준다.

하지만 3장과 4장에서 보듯 가정용 냉장고는 비교적 최근까지도 저온 유통 체계에서 곁다리 취급을 받았다. 그만큼 늦게 우리 생활 속에 들어온 탓이다. 어찌 보면 꽤나 놀라운데, 결과적으로 냉장고가 우리 가정에 정착하기는 했지만 그 과정은 절대 녹록하지 않았다. 냉장고 제조사들은 20세기부터 가격과 용도 면에서 집에서 쓰기에 알맞은 제품을 만드는 데 힘썼다. 그리고 이런 변화 덕분에 일반 가정에서는 아이스박스를 쓸 때보다 더 오래 신선하게 음식물을 보관하게 되었다. 가정용 냉장고의 성공에는 극심한 경쟁 속에서 시장 점유율을 끌어올리려 애쓰던 업체들의 광고 전략도 한몫했다. 20세기 전반기 동안 냉장고에 관한 인식은 1932년에 간행된 잡지인《일렉트리컬 에이지*Electrical Age*》에서 언급한 "부유층이 애용하는 신기한 기계"에서 "가치 있는 자산"이라는 평가를 거쳐 "집에 하나

쯤 있으면 좋은 물건"으로 변화했고 이제는 세계 각지에서 집집마다 반드시 갖추어야 할 필수품처럼 여기고 있다.

그러나 4장에서도 이야기하듯이 아무리 훌륭하게 디자인된 제품이라도 우리의 실생활과 부엌 공간에 맞지 않으면 아무 소용이 없다. 그런 이유로 냉장고는 몇 가지 단계를 거쳐 20세기 가정의 주방에 점진적으로 수용되었다. 처음에 이 기기는 그 전에 존재하던 아이스박스나 전통적인 식료품 저장실larder·pantry과 함께 사용되거나 거치 장소를 두고 경쟁하는 관계였다. 그러다가 일반인들이 점차 그 필요성을 받아들이면서 있어도 그만 없어도 그만인 주방 가전 신세를 벗어나 신축 주택의 기본 구성품으로 채택되기에 이르렀다. 이런 냉장고가 우리 일상에 미친 영향은 대중문화에도 잘 나타난다. 냉장고는 그동안 많은 서적과 인기 영화 및 드라마에 심심치 않게 등장했다. 작품 안에서 사람들은 오랜 세월 집 안 한구석을 지켜 선 냉장고를 친구나 가족처럼 묘사하며 애틋한 감정을 드러내기도 한다.

한편 냉장고는 가정으로 발을 들이며 다채로운 특징과 기능을 함께 선보였다. 5장에서는 이런 요소들이 어떻게 생겨났는지 살펴본다. 냉장고는 특유의 소음을 포함해 다양한 특성을 갖추었는데 이는 모두 기기 디자인이나 제조 과정에서 파생된 것이다. 요즘 사람들은 냉장고에 딸린 각종 기능과 구성품 들이 원래부터 존재했다고 쉽게 생각한다. 하지만 실상은 그렇지 않을 뿐더러 상용화 단계에서 소비자들에게 사랑받지 못한 채 사라져간 부품이나 기술도 많다. 혹시 문 내벽에 선반이 없는 냉장고나 반들반들 윤이 나지 않는 냉장고를 상상해 본 적이 있는가? 만약에 손을 쓰는 대신 페달을 밟아 냉장고 문을 열 수 있다면 참 편리할 텐데 왜 그런 제품은 없는 걸까?

너무나 당연한 말이지만 가정용 냉장고의 주목적은 음식물을 저장하고 보존하는 것이다. 6장에서는 이 기기가 우리의 음식 소비 습관과 식생활, 요리법에 어떤 영향을 미쳤는지 논한다. 현대 가정에서 냉장고는 음식과 관련된 모든 활동에서 중요한 역할을 한다. 바꾸어 말하자면 식사를 준비하고 음식물을 보관하거나 소비하는 과정에서 늘 거쳐야 하는 연결점이라고 할까? 냉장고는 차츰 현대인의 삶과 식생활에 필수 불가결한 존재가 되었고 이 기술을 향한 우리의 의존성은 날이 갈수록 더욱 커졌다.[4] 그 과정에서 20세기 중엽에는 냉각 기능과 세계 각지에서 나는 식자재, 독특한 음식 조리법 등이 하나로 합쳐져 '차가운 요리cold cookery'라는 새로운 개념이 등장했다. 당시는 업계 내에서 제품의 효용 가치를 높이기 위한 경쟁이 심화되는 한편, 소비자들 사이에서 우유를 보관하는 것 이외에 냉장고의 유용성을 묻는 목소리가 커지던 때였다. 이에 관련 기업들은 가정용 냉장고에 새로운 이미지를 부여하고자 저명한 요리책 저자들의 도움을 받아 차가운 요리를 개발하고 홍보했다.

오늘날 냉장고는 인류에게 이론의 여지가 없을 만큼 식생활 면에서 많은 혜택을 안겨주고 있다. 이 기계 덕분에 우리는 갖가지 수확물을 집 안에 비축하고 인류 역사상 어느 때보다도 다양하고 풍부한 먹거리를 맛보게 되었다. 그러나 냉장고에 마냥 좋은 점만 있는 것은 아니다. 7장에서도 확인할 수 있듯 냉장고는 우리에게 크게 도움을 주기도, 또 크게 해를 끼치기도 하는 두 얼굴의 가전제품이다. 가전업체들은 건강을 지키려면 냉장고가 꼭 필요하다고 홍보하지만, 사실 냉장고의 사용은 작게는 한 개인에게, 크게는 세계적인 규모로 문제를 일으킬 소지가 있다. 음식을 신선하게 오래 보관할 수 있는 반면 식중독을 널리 전파할 우려도 있기 때문이다. 냉장고의 외형과 구조에도 위험은 내재한다. 한때는 냉장고 안에 아이들이 갇혀 사망하는 안전사고가 발생하기도 했고, 냉매인 프레온 가스로 인한 대기 오염은 이미 잘 알려진 환경 문제이기도 하다.

끝으로 8장에서는 가정용 냉장고가 아닌 더 넓은 세계로 시선을 돌려본다. 오늘날 냉각 기술은 아이스링크 조성, 냉동 컨테이너의 온도 조절, 의약품 샘플과 백신의 냉장 보관 등을 포함해 우리가 미처 생각지도 못한 곳에서 다양한 용도로 쓰이고 있다. 그뿐 아니라 냉각 성능을 발휘하는 사물의 형태도 점차 다양해지고 있다. 도자기 모양의 냉수기부터 얼음 동굴과 페르시아 시대에 지어진 사막의 냉장 창고, 역사상 가장 거대한 실험 장치에 탑재된 냉각 유닛까지 우리 예상을 벗어나는 것이 많다. 더불어 이 장에서는 지난날 인류에게 새로운 상상을 안겨주고 현재와 미래를 열어가는 냉장고의 모습도 함께 다룬다.

이 책은 여러 가지 과학적 발견과 응용 기술, 증기기관을 비롯한 각종 동력 공급 장치, 얼음 수확, 기후 변화와 새로운 시장의 발달, 새로운 먹거리와 요리법의 등장, 화려한 칵테일파티, 안전한 우유 보관법, 주택 디자인, 제2차 세계대전 이후의 복구 계획과 정치·사회적 목표, 산업 디자인과 대량 생산, 신소재를 이용한 냉장고 관련 상품들, 주택 문화의 발달, 식품 시장의 세계화, 예술, 자기표현, 대중문화와 유행, 공중보건 및 위생, 기술의 위험성, 기술 혐오, 환경 문제의 심각성과 현실의 괴리 등에 얽힌 이야기들을 망라하고 있다. 나는 이런 소재들을 글로 엮어내면서 런던과학박물관에 소장된 전시물과 이미지 자료, 기록 보관소 등을 틈틈이 활용했다.[5] 만약 우리가 사용하는 가정용 냉장고란 무엇이고 어떤 시대적 의의를 지녔는지를 잘 알고 싶다면 누구라도 마땅히 그 기원과 역사를 들여다보아야 할 것이다. 그럼 이제부터 21세기의 주방을 벗어나 먼 과거로 눈을 돌려보자.

차례

제1장 얼음 장수의 왕림

영국 런던과학박물관의 냉장고 전시실, 그곳에 처음 발을 들인 사람은 아마 누구라도 놀랄 것이다. 거기에는 우리에게 낯익은 새하얀 전기냉장고 무리와 함께 웬 낯선 물건들이 줄지어 서 있다. 이를테면 장롱이 연상되는 19세기 빅토리아 여왕 시대의 육중한 나무 상자 같은 것 말이다. 표면에 한껏 윤을 낸 그 물건에는 반짝이는 놋쇠 경첩과 손잡이는 물론 뭉툭한 다리까지 달렸다. 만약 당신이 빅토리아 시대에 살던 평범한 관람객과 그 자리에 함께 서 있다면, 그 물건의 용도를 누가 먼저 알아맞힐지 아무도 장담하지 못할 것이다. 하지만 토론 상대가 비교적 부유했던 빅토리아 시대 사람이라면 답을 알 가능성이 크다. 그 물건은 감히 가난한 서민들이 쓸 만한 가정용품이 아니었기 때문이다.[1] 아마도 그 사람은 장롱 같은 그 물건의 안쪽을 두른 소재가 아연판이나 주석판이며 숯이나 코르크 같은 단열재가 두꺼운 벽을 채웠다고 설명할 것이다. 그리고 그 목적이 외부 환경의 변화나 해충으로부터 내용물을 지키는 데 있다고 말할 것이다. 우리가 만약 그에게 이게 무슨 물

• 미국의 시거냉장고사가 20세기 초에 출시했던 아이스박스형 냉장고.

•• 런던과학박물관 냉장고 전시실의 일부분. 시거냉장고사의 아이스박스형 냉장고가 사진의 왼쪽 귀퉁이에서 빼꼼히 모습을 보인다.

건이냐고 묻는다면 그는 '냉장고'라고 답하리라.[2] 그렇다면 내부 온도는 대체 어떻게 낮추었을까? 그 답은 '아이스박스'라는 별명에서 짐작할 수 있다. 19세기의 냉장고 속에는 말 그대로 얼음덩어리를 넣는 공간이 있었다. 당시 사람들은 얼음 장수에게서 정기적으로 얼음을 배달받아 먹거리와 함께 보관했던 것이다.[3] 이 장치에는 냉각 기능을 유지하기 위한 냉매 저장 용기도, 전기를 공급하는 전원 케이블도 없었다.

하지만 아이스박스의 중심부를 차지했던 단순한 얼음덩어리가 품은 역사는 꽤 복잡하다. 얼음은 냉기가 어떻게 상품으로 탈바꿈했는지를 밝히는 단서다. 바꾸어 말하면 얼음으로 인류 역사에서 중요한 발명품 중 하나인 현대식 가정용 냉장고의 탄생 과정을 알 수 있다는 뜻이기도 하다. 이는 구식 아이스박스나 우리에게 익숙한 21세기의 최신형 전기냉장고 할 것 없이 냉장고에 속하는 모든 기기가 공통적으로 특유의 냉각 능력과 시장의 점진적인 성장, 얼음에 대한 기호도의 증가 현상에 영향을 받았기 때문이다. 그리고 그렇게 수요가 늘어나는 데는 18, 19세기에 등장한 식료품의 저온 유통 체계가 점차 정교해지고 연결성을 갖춘 것이 영향을 미쳤다. 저온 유통 체계란 간단히 말해 온도를 낮게 제어해 생산물을 도착지까지 공급하는 방식을 뜻하는데, 시간이 지나면서 식료품 저온 유통 체계는 저온 수송 방식과 각지의 냉장·냉동 창고를 통해 상품 원산지의 저장고와 최종 목적지를 잇는 주요 수단이 되었다.[4] 물론 그 목적은 먹거리의 보관 수명을 늘려 안전하게 먹는 데 있었다.

냉기라는 귀한 맛

먼 옛날부터 얼음과 냉기는 특별한 요리와 음료를 만드는 첨가제이자 음식을 장기간 보존하는 수단으로 귀하게 여겼다. 그중에서도 특히 그리스와 로마, 중국을 포함한 고대 문명에서는 얼음을 잘라 보관해두었다가 마실 것을 차게 식히는 데 썼다. 고대 로마인들은 인근의 산악 지대에서 얼음을 채취(채빙採氷)해 밀짚을 두른 깊은 구덩이에 보관하고 상점에서 팔기도 했다.[5] 하지만 대다수 사회에서 냉장·냉동 기술에 관한 현실적인 '욕구'는 최근까지도 매우 낮았다. 대개 한 지역에서 난 먹거리가 그대로 소비되었기 때문에 얼음은 곧바로 채취할 수 있는 곳에서나 식품 보존용으로 쓰였다. 이누이트 족이 포획물을 보관하는 데 얼음과 눈을 활용하고, 세상에서 가장 추운 도시로 알려진 야쿠츠크에서 시장 상인들이 꽁꽁 언 생선을 판매하는 것이 그러한 사례에 속한다. 반면에 그 외 지역들과 마찬가지로 한 해 내내 식료품을 조달하는 데 고심하며 흉년에 대비해 많은 먹거리를 보관할 방법을 찾던 영국의 일반 가정과 서민층 입장에서는 상하기 쉬운 음식물을 차갑게 보관하는 기술

이 무척 새롭고 신기한 것이었다.[6]

17세기경에 얼음 저장고는 유럽 도처의 왕궁이나 대저택, 대농장 혹은 개신교의 한 종파인 미국 셰이커 교도들의 터전에서 어렵지 않게 찾아볼 수 있었다. 다만 그것은 극히 다복하거나 부유한 이들만 접근할 수 있는 시설이었다. 영국 왕당파의 주요 인사들은 1660년에 찰스 2세Charles II의 왕정복고와 함께 유럽 대륙에서 돌아온 뒤 당시 유행을 따라서 얼음 저장고를 지었다. 그들은 망명 생활 동안 차가운 음료가 주는 쾌감과 자극, 참신함을 맛보고 이 새로운 취향을 고국으로 들여왔다. 그리고 미지근한 전통 벌꿀주와 에일 맥주 대신 시원한 마실 거리를 손에 들고 올리버 크롬웰Oliver Cromwell의 청교도 시대가 끝난 것을 반겼다. 찰스 2세는 그러한 사교계의 유행을 주도했다. 그는 런던의 세인트 제임스 공원 북부(현재의 그린파크)에 얼음 저장고를 지어 여름에 왕궁을 찾는 손님들에게 얼음을 제공했다.[7] 그는 그 무렵 막 설립된 영국왕립학회의 열렬한 지지자이기도 했다. 과학계에 새로운 활력을 불어넣은 이 단체는 과학 철학자 프랜시스 베이컨Francis Bacon이 확립한 과학적 방법론을 발전해 나가며 냉기와 온기를 비롯한 자연현상 탐구에 힘썼다.[8]

18세기가 되자 얼음을 향한 기호와 욕구는 영국 상류 사회에 깊숙이 자리 잡았고 귀족들은 국왕의 전용 잔을 모방한 잔에 찬 음료를 부어 마시기에 이르렀다. 그즈음 얼음이 시중에서 값비싼 유행상품처럼 인식되면서 그 수요는 다른 계층으로

토머스 스프랫Thomas Sprat이 쓴 《왕립학회의 역사*History of the Royal Society of London*》(1667) 초판의 표제 삽화. 찰스 2세의 흉상 오른편에 보이는 인물이 베이컨이다. 베이컨은 식품의 냉장 보관법을 다각도로 연구하며 이 분야를 개척했다.

도 서서히 확대되었다. 요리책 저자와 문필가 들은 음식물을 차게 식히는 용도로 얼음을 점점 더 많이 언급했다. 일례로 해나 글래스Hannah Glasse가 펴낸 인기 요리서 《쉽고 간단한 요리법*The Art of Cookery, Made Plain and Easy*》의 1751년판에는 산딸기를 섞은 생크림을 양푼에 담고 얼음을 둘러 내용물을 얼리는 방법이 나와 있다.[9] 그녀의 책은 영국에서 한 세기가 넘도록 베스트셀러로 이름을 날렸다. 이 책은 하인층을 대상으로 쓴 일종의 주방 생활 지침서였지만 실제 구매자는 각 집안의 안주인들이었다. 장사 수완이 좋았던 글래스는 책을 팔 장소로 완구점과 도자기 가게를 선택했다. 숙녀들이 서점보다 더 많이 들르는 곳이었기 때문이다. 한편 《오만과 편견》을 쓴 제인 오스틴Jane Austen은 1808년에 친언니인 커샌드라Cassandra Austen에게 보낸 편지에서 "얼음을 먹고 프랑스 와인을 마시며 군색한 주머니 형편은 잊을 것"이라며 값진 음식에 관한 기대감을 드러내기도 했다.[10]

얼음이 18세기 영국에서 인기를 얻고 나름대로 유행 상품이 되기는 했지만, 아직은 그 수요가 그리 크지 않았다. 보관 장소가 세련된 고딕 양식이나 팔라디오 양식[11]으로 지어져 특별하게 관리되는 저장고든, 구조가 단순하고 실용적인 국유지의 동굴이든, 또 도시 내의 저온 창고나 개인이 소유한 지하 저장고든, 얼음을 필요한 만큼 확보하고 수확하기란 무척 어려운 일이었다. 게다가 얼음 저장고를 짓고 제 용도로 사용하는 데는 상당한 시간과 비용이 필요했다.[12]

일기 작가였던 존 에벌린(왕립학회의 창설 회원이자 시인 에드먼드 월러[13]의 여행 친구)은 얼음 저장고를 주제로 유명한 보고서 한 편을 썼다. 그는 그 글에서 17세기 이탈리아식 '눈구덩이' 구조를 상세하게 그려냈다. "밀짚을 깐 깔때기 형태의 구덩이"로 묘사된 그곳에는 약 30센티미터 두께로 다져진 눈을 짚더미와 번갈아 층층이 보관했고 눈 녹은 물을 빼기 위한 배수로나 물구멍이 있었다.[14] 그로부터 200년 후 얼음을 수확해 큰돈을 벌어들인 미국의 몇몇 기업과 런던 부둣가의 상점 들은 엄청난 크기의 얼음 창고를 사용했다. 그 모습을 두고 한 민중 언론은 "광대한 지하 감옥에 고대의 서리 대왕이 죄수처럼 감금되어 있다"고 묘사하기도 했다.[15] 얼음은 그렇게 커다란 창고에서 다시 열차 화물칸으로 옮겨져 전국 방방곡곡으로 퍼져나갔다.[16]

차가움의 상업화

18세기 영국에는 '얼음을 저온 상태로 보존하면서 한 지역에서 다른 먼 지역으로 이동시킨다'는 개념이 없었고 애초에 그럴 필요도 없었다. 얼음은 현지에서 "그때그때" 되는 대로 "키워내서" 수확하는 자원이었다.[17] 당시 유럽은 '소빙하기'라고 일컬어질 만큼 추웠고 이 현상은 19세기가 시작된 뒤로도 한참 동안 계속되었다.[18]

19세기 중엽에 이르러 상황은 극적으로 변했다. 보스턴 출신의 '얼음 왕' 프레데릭 튜더Frederic Tudor처럼 선견지명이 뛰어난 사업가들이 미국과 노르웨이에서 얼음을 수확해 세계 각지로 실어 나르기 시작한 것이다. 가장 먼저 저온 유통 체계를 고안한 인물로 알려진 튜더[19]는 얼음이 도착하는 항구에 저온 창고를 마련했다(마르티니크를 시작으로 뭄바이(봄베이)와 아바나, 콜카타(캘커타) 같은 지역까지 얼음 저장고를 지었다).[20] 그리고 얼음 무역은 '헛된 투자'라는 당대의 회의적인 시선과 수많은 역경을 이겨내고 대성공을 거두었다. 1806년에 튜더의 회사가 수송한 얼음의 양은 130톤에 불과했지만 50년 뒤 그 숫자는 1,000배 이상인 14만 6,000톤에 이르렀다.[21]

1822년 6월, 영국은 처음으로 노르웨이산 얼음 300톤을 수입했다.[22] 당시로서는 워낙 이례적인 화물이었던 탓에 세관원들은 분류 항목을 정하느라 한참을 고민했고, 결국 얼음은 그 사이에 다 녹아버리고 말았다(최종적으로는 '건조 상품'으로 등록되었다). 1844년에는 그 시절 미국산 얼음 수출업체 가운데 가장 유명했던 웨넘호 얼음 회사Wenham Lake Ice Company가 영국으로 첫 화물을 발송했는데 그 이동 거리가 미국 매사추세츠주의 웨넘 호수로부터 런던까지 약 5,000킬로미터에 달했다. 이 회사는 판촉 전략의 일환으로 런던 스트랜드 40번가에 위치한 사무실 창가에 전혀 녹지 않는 듯 보이는 '거대한 얼음덩어리'[23]를 세워두고 뒤편에 신문을 붙여 그 투명도를 과시했다. 한편 19세기에

THE WENHAM ICE LAKE.

LONDON ICE-CARTS.—(SEE NEXT PAGE.)

• 《일러스트레이티드 런던 뉴스》에 게재된 웨넘 호수에서의 채빙 작업 광경(1845). 이 호수는 외부에서 유입되는 물 없이 용천수로만 이루어져 그만큼 얼음이 깨끗하다고 전해진다. 그림 오른쪽 창고에 일정 크기로 잘라낸 얼음덩어리가 2만 톤가량 보관되었는데 그중 일부는 대서양을 건너 영국 런던까지 운송되었다.

•• 1850년 《일러스트레이티드 런던 뉴스》에 실린 〈런던의 얼음 수레London Ice Carts〉는 겨울철 연못가의 모습을 애잔하면서도 익살스럽게 그려냈다. 얼음 조각으로 가득한 수레를 힘겹게 끄는 여윈 말과 함께 남루한 차림에 무표정한 인물들이 여럿 보인다.

••• 1900년경 노르웨이에서 얼음을 수확하는 모습. 얼음을 자르려고 그어놓은 경계선이 뚜렷하게 보인다.

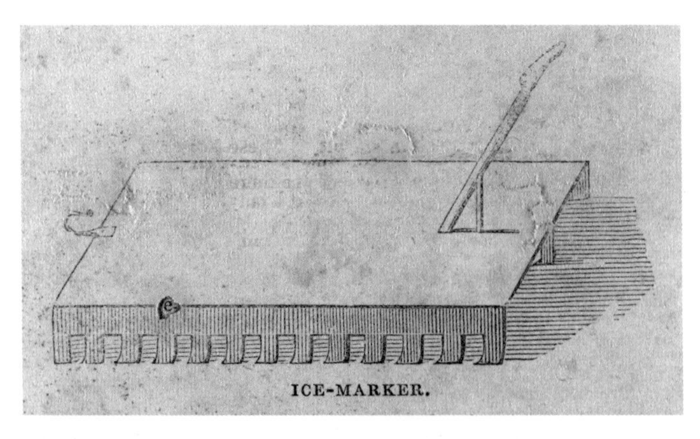

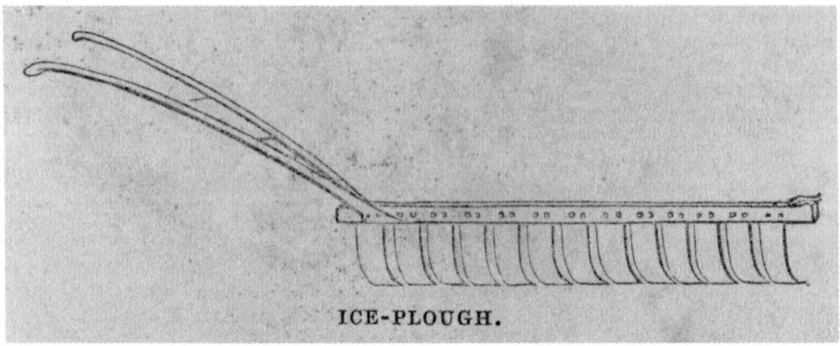

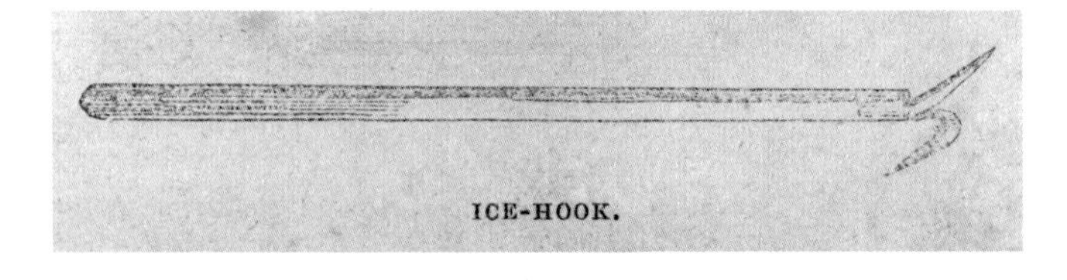

• 19세기 중엽 채빙 전용 장비들을 묘사한 판화. 28쪽에 실린 웨넘 호수의 채빙 작업 광경에서 이 도구들의 크기를 대강 파악할 수 있다.

는 노르웨이의 오페고르 호수를 현지인들이 웨넘 호수로 이름을 바꾼 별난 일도 일어났다. 거기에는 얼음이 깨끗하고 투명하기로 소문난 미국 웨넘 호수의 인기를 이용하려는 의도가 있었다. 노르웨이산 얼음은 1860년까지 영국에서 소비된 얼음의 상당량을 차지했는데 그중에는 봄철에 연안 지역에서 채취된 것이 많았다.[24]

19세기 중반이 되자 얼음은 당대 사람들에게 가치 있는 상품으로 확실하게 인정받았다. 그 무렵《일러스트레이티드 런던 뉴스》에 실린 한 기사의 논조는 소비문화에 회의적인 현대인들에게도 깊이 와닿는 면이 있다.

"문명이 낳은 인위적인 욕망으로 몇 세대 전만 해도 존재하지 않았던, 하지만 이제는 우리 일상의 필수품이 되어버린 물건들을 만들기 위한 별난 사업과 직업 들이 수없이 탄생했다."[25]

곳곳에서 수확된 얼음은 거룻배에 실린 채 런던 서북부의 리젠트 운하에서 부두로, 또 거기에서 각지의 얼음 저장고로 이동하며 19세기 영국의 심장부로 침투했다. 1857년과 1862년에 런던의 킹스크로스 인근에는 거대한 지하 저장고 두 채(너비 9.1미터, 깊이 12.8미터)가 지어졌다. 이곳은 당시 얼음 판매상으로 유명했던 카를로 가티Carlo Gatti의 소유로, 영국산과 수입산 얼음이 항상 가득 차 있었다.[26] 다른 나라와 비교하면 영국 현지의 채빙 작업은 단순한 편이었지만 그래도 규모가 꽤 컸다. 런던의 한 기자는 "세인트존스 우드의 한 지하 저장고 앞에 얼음을 실어 나르는 수레가 60~70여 대 줄지어 있었다"라고 기사를 쓰기도 했다.[27] 얼음 장수들은 이러한 얼음 저장고나 움달에서 혹독한 추위를 이겨내며 등불에 의지해 꺼낸 얼음을 다시 런던 곳곳의 가정과 상점으로 배달했다.

연못에서 긁어모은 얇은 얼음이든 미국 어딘가의 호수에서 파낸 커다란 얼음덩어리든 채빙에 투입된 시간과 자원의 양은 그 시절에 얼음의 가치가 어느 정도였는지를 잘 보여준다.[28] 또 이 산업에 당시 농업과 광산업 분야의 용어나 상징을 사용했다는 사실은 얼음이 그만큼 귀중했다는 방증이기도 하다. 얼음은 농부가 정성껏 농작물을 길러낼 때처럼 '배양nurture'과 '재배cultivate'를 거쳐 알맞은 시기, 즉 가장 적합한 두께에 도달했을 때에 '수확reap'하는 생산물이었다.[29] 얼음을 묘사하는 데는 광물학 용어도 동원되었다. 반짝이는 "극한의 결정체Arctic crystal"로도 불린 얼음은 값진 상품이자 기꺼이 채취해 소유하고픈 보물이었다.[30] 채빙 장비들 역시 다른 분야에서 쓰던 명칭을 차용했는데 그중에서도 말이 끌던 얼음 방틀ice marker과 얼음 쟁기ice plough가 대표적이었다. 이 도구들은 눈가루를 쓸어내거나 얼음덩어리의 구획을 표시하는 데 쓰였다.[31] 얼음 톱ice saw은 경계선을 따라 빙판을 자르는 데 쓰였고 얼음 꼬챙이ice pick와 얼음 갈고리ice hook는 물 위에 뜬 얼음을 건져내어 창고까지 이어진 컨베이어 벨트로 옮기는 데 쓰였다.[32] 이처럼 전문화한 장비는 채빙 작업에 혁신을 불러일으켰다. 수확이 더 쉽고 빨라진 데다가 작업자들이 2cwt(약 100킬로그램)[33]에 달하는 얼음덩어리를 꽁꽁 언 호수에서 창고까지 비교적 수월하게 옮길 수 있었기 때문이다. 얼음을 자연 상태로 오래 두는 것은 사업상 위험 부담이 컸다. "기후 변화에 따라서 곡물보다도 훨씬 더 빠르게 상태가 나빠지기 때문"이었다.[34]

판매업자들은 얼음의 매력 포인트로 청정함을 내세웠다. 웨넘호 얼음 회사는 1840년대에 빅토리아 여왕에게 거대한 얼음덩어리를 선물하고 왕실에 제품을 공급하며 저명한 고객들과 언론의 환심을 사는 데 힘썼다.[35] 기자들은 웨넘사의 얼음에 열렬한 찬사를 보냈고 곳곳에 게재된 광고에서도 아름다움과 투명함, 깨끗함을 쉴 새 없이 떠들어댔다.[36] 그뿐 아니라 한 요리책 작가는 민트 줄렙*과 셰리 코블러 칵테일**을 만들 때 "극도의 순수함"과 "수정처럼 투명한 광택"을 지닌 웨넘 얼음을 쓰라고 적극 권장하기도 했다.[37] 어떤 기자는 이런 글까지 남겼다.

"한여름의 열기 속에 커다란 다이아몬드처럼 여기저기서 반짝이는 맑고 투명한 얼음 조각보다 아름답고 기분을 북돋는 것이 또 있을까?"[38]

19세기 중반에 얼음은 어디서나 높은 인기를 구가했다. 당시 웨넘사는 다양한 행사를 후원했는데 그중에는 프랑스 출신의 인기 작곡가 루이 쥘리앵Louis Jullien이 "명망 높은 가문들"

* 박하 잎과 설탕, 얼음의 혼합물과 버번위스키를 섞은 칵테일.

** 셰리 와인, 설탕 시럽, 레몬과 오렌지 조각을 섞어 만든 칵테일.

을 위해 준비한 '가면무도회Grand Bal Masque'가 있었다.[39] 그는 빅토리아 여왕과 커피, 차 그리고 "웨넘 호수 얼음과 함께 보관된" 아이스크림과 셔벗, 인공 탄산수 등을 예찬하는 왈츠 곡을 선보이며 행사를 빛냈다.[40] 쥘리앵의 친구이자 영국에서 가장 유명한 요리사였던 알렉시스 소이어Alexis Soyer도 1840년대 초 자신이 책임지던 런던의 리폼 클럽Reform Club 주방에 늘 얼음을 준비해두었다.[41] 그 시절 내로라하던 부자와 저명인사 들은 일명 "요리와 과학기술의 전당"으로 불리던 그의 주방에 "과학의 신비"를 체감하려고 모여들었다. 쇼맨십이 강했던 소이어는 부엌 중앙에서 다양한 조리 작업을 지휘했다. 그는 여러 종류의 아이스박스형 냉장고와 가스 오븐 등의 최신 기기들을 이용해 음식물의 온도를 자유자재로 조절했다. 당시로서는 최첨단 주방이라는 표현이 무색하지 않았던 그곳에는 완성된 요리를 신선하게 보관하기 위한 납판 부착 서랍장, 일명 '얼음 보존실'과 젤리 및 아이스크림을 넣어두는 냉장 찬장, 저온 식육 저장고 등이 들어서 있었다. 소이어는 이런 아이스박스형 냉장고를 단순한 식자재 보관은 물론이고 요리를 만들거나 그 결과물을 보존하는 데도 활용했다. 이는 훗날 주방에서 일어날 변화를 보여주는 일종의 전조였다. 그러나 그때만 해도 소이어가 쓰던 얼음 보충식 냉장고는 대다수 사람에게 그저 꿈같은 주방 설비였다.

• 미국 펜실베이니아주 코니어트 호수에서 인부들이 창고와 연결된 컨베이어 벨트 쪽으로 얼음을 이동시키고 있다. 1907년에 키스톤뷰Keystone View사가 촬영한 사진이다.

•• 1842년경 리폼 클럽의 주방 모습. 그림 중앙에서 모자를 쓰고 방문객들을 안내하는 사람이 알렉시스 소이어다. 당시 냉장고로 쓰인 수납장들은 주방의 왼쪽 뒤편에 있다.

생필품이 된 얼음

가정용 아이스박스형 냉장고는 얼음 산업에서 파생된 상품으로, 1840년대에 영국에서 꽤 큰 화제를 모았다. 당시 《런던 타임스*The Times of London*》의 한 기자는 "미국산 냉장고(당시는 미국산 수입품이 대부분이었다)"가 "단 몇 파운드의 얼음으로 수 주간 고기와 생선, 버터의 맛을 지켜주는 가정의 필수품"이라고 강조했고[42] 웨넘사처럼 눈치 빠른 기업들은 이런 제품을 이동식 냉장고[43]로 선전하며 냉기 공급에 필수인 얼음과 함께 판매했다. 그리고 그 시절의 얼리 어답터들이 집 안에 저온 유통 설비를 들일 무렵, 신문 독자들은 대서양 건너편, 즉 미국에 "냉장고 내지는 이동식 얼음 저장고"가 집집이 마련되어 있다는 소식을 읽었다.[44]

그렇지만 빅토리아 시대 후기에 아이스박스형 냉장고가 얼마나 보급되었는지는 정확히 알 길이 없다. 대신 당시 하인 계층과 주부 등을 대상으로 쓰인 몇몇 책자에 이런 냉장고가 주방에 으레 비치된 물건처럼 표현되어 있기는 하다. 이저벨라 비턴Isabella Beeton의 고전인 《가정살림독본*Book of Household Management*》 경우, 1861년판에서는 냉장고가 겨우 한 번(과일 보관과 관련해 지나가는 말로만) 언급되었지만 1907년에 출간된 개정판에는 냉장고에 관한 상세한 설명과 단열이 잘되는 우량 제품을 선택하는 방법을 포함해 언급 횟수가 열 번으로 늘었다.[45] 그 뒤 1922년에 에

19세기 후반 또는 20세기 초반에 사용된 작은 아이스박스형 냉장고. 얼음을 채우고 나면 식료품을 넣는 공간은 매우 좁아졌을 것이다.

델 페이서Ethel Peyser는 도시 생활 안내서인 《고물 신세를 면하려면Cheating the Junk-pile》에서 냉장고를 아흔세 번 이상 언급하며 냉장고와 얼음이 20세기 초 가정에서 더없이 귀중한 물품이라고 밝혔다.[46] 이처럼 아이스박스의 비중이 커진 만큼 도시민들은 언제 닥칠지 모를 얼음 부족 문제를 언급하는 것만으로도 큰 불안을 느꼈을 것이다.

그렇다면 아이스박스형 냉장고는 어떻게 사용했을까? 이 부분은 앞서 살펴본 것보다 참고할 만한 문헌이 한참 부족하다. 하지만 다행히 최근 들어 옛 냉장고의 사용법을 확인할 길이 생겼다. 현재 미국에 거주 중인 세라 크리스먼Sarah Chrisman과 가브리엘 크리스먼Gabriel Chrisman 부부는 역사 연구의 일환으로 빅토리아 후기 시대의 삶을 재현하고 있다. 생활용품은 모두 그 시대의 물건이고, 냉장고 역시 마찬가지다. 그들이 쓰는 아이스박스는 크기나 형태 면에서 무척 수수한 편이며 바닥에는 물받이 쟁반이 들어간다. 크리스먼 부부는 구식 냉장고를 직접 사용하면서 먼 옛날의 광고지나 문헌으로는 깊이 체감하기 어려운 빅토리아 시대의 생활상을 이해할 수 있었다고 한다. 그들이 사는 워싱턴주의 포트 타운센드에서는 1880년부터 얼음 배달이 일상화되었는데, 당시에 힘센 얼음 장수는 20세기 초의 우유 배달부나 집배원처럼 야한 농담*의 주인공이기도 했다. 크

* 남편이 직장에 나간 사이 아내가 배달부와 바람을 피운다는 식의 농담.

세라와 가브리엘이 사용하는 냉장고 안팎의 모습. 안쪽에 쌓아놓은 큰 얼음덩이들이 조금 녹아 있다. 냉장고 위에는 평소에 쓰는 주방 도구들을 올려두었다.

리스먼 부부의 냉장고 안에는 무게 약 27킬로그램에 달하는 얼음덩어리[47]가 들어가는데, 이들의 경험에 따르면 육류와 우유를 보관하기에 가장 좋은 방법은 얼음 바로 곁에 두는 것이라고 한다. 단점은 물받이 쟁반을 주기적으로 비워주어야 한다는 것과 이전에는 듣지 못했던 불규칙한 소음, 즉 녹으면서 쪼개진 얼음이 아이스박스 바닥에 떨어지는 소리에 적응해야 한다는 것이다. 이들 부부는 경험상 전기냉장고를 쓸 때보다 식자재가 더 차게 보관된다고도 설명했다.[48]

냉장고가 주방 기기로서 성능이 얼마나 지속되는지 명확히 검증되지 않은 상태였고 일상의 필수품까지는 아니었지만, 19세기 후반 들어 아이스박스형 냉장고와 이를 토대로 한 저온 유통 체계는 당시 영국 사회와 문화의 한 부분으로 완전하게 자리를 잡았다. 이 점은 문화적인 영역에서 얼음이나 냉장고가 언급되는 빈도가 늘어났다는 데서 알 수 있다. 한 예로 러디어드 키플링Rudyard Kipling의 소설인 《정글북 2*Second Jungle Book*》에는 웨넘사의 얼음이 등장한다. 교활한 뱃사공이 던진 커다란 얼음덩어리를 대머리황새가 무심코 삼키는 장면에서다. 얼음을 처음 접한 황새는 "모이주머니부터 발끝까지 뒤덮은 엄청난 추위 때문에 괴로웠다"면서 얼음이 곧 온데간데없이 사라진 데 매우 놀란다. 한편 루이자 메이 올컷Louisa May Alcott이 미국 남북전쟁을 배경으로 쓴 《작은 아씨들*Little Women*》에서는 왈가닥 소녀인 조 마치가 "우유를 냉장고에 넣는 걸 잊어버렸음"

에 당혹감을 느끼는 장면이 나온다. 또 찰스 디킨스Charles Dickens의 《작은 도릿*Little Dorrit*》에 등장하는 랭커스터 스틸츠토킹 경卿은 "고귀한 냉장고"로 불릴 만큼 차가운 인물로 그려졌다. 그의 냉정함은 유럽의 여러 왕궁을 "얼음으로 뒤덮을" 뿐 아니라 "저녁 만찬에 그늘을 드리우고", "와인에는 냉기를 불어넣고", "소스를 차게 식히고", "차까지 얼어붙게" 했다.

1850년대에 의사 겸 작가였던 앤드루 윈터Andrew Wynter는 아이스박스를 두고 "태양신 아폴론의 화살도 뚫지 못하는 방패"라고 묘사하면서 "환한 벽난로처럼 세상 모든 이에게 안락한 생활을 안겨줄 것"이라고 내다보았다. 그로부터 약 60년이 지나 1907년에 발간된 《육해군 구매조합상점 상품 안내서*Army and Navy Stores Catalogue*》에는 20세기 초에 소비자들이 구매할 수 있었던 갖가지 형태의 아이스박스와 관련 상품이 대거 수록되었다.[49] 책자에 실린 제품의 명칭과 생김새는 제각각이지만 본질적으로는 모두 아이스박스형 냉장고에 속했다. 그 예로 켄트Kent사는 안쪽에 아연판을 두르고 "식료품 보존실과 얼음칸"을 갖춘 '벤틸레이티드 냉장고Ventilated Refrigerator'와 '콜드 스토어Cold Store',[50] 크기가 더 크고 냄새가 나지 않는 '콜드 스토어 룸Cold Store Room'을 시판했고 그 밖에 참나무 소재에 타일을 붙인 제품이나 드라이 에어 캐비닛 냉장고Dry-air Cabinet Refrigerator, 아이스 세이프ice safe 등의 이름으로 출시된 제품들이 있었다. 제품명 중에는 알래스카나 스노든Snowdon*처럼 냉각 능력을 강조한 것도 있었다. 또한 얼음분쇄기, 아이스크림 냉동고, 얼음 집게, 요리에 쓰는 얼음통과 볼bowl, 모양내기 틀, 얼음 파쇄용 망치 같은 냉장고 관련 상품도 다양하게 출시되었다. 그러면서 얼음은 어쩌다 한 번씩 접하는 신기하고 호사스러운 존재에서 일반 가정의 "부엌과 식료품 저장실, 그리고 식탁 위에" 일상적으로 등장하는 소비재가 되었다.[51] 비록 그때는 아무도 몰랐지만, 19세기의 아이스박스는 그렇게 자신의 후손인 냉매 순환식 가정용 냉장고를 위해 길을 열어가고 있었다.

얼음에 대한 의존도는 어느 도시나 국가 할 것 없이 날이 갈수록 높아졌다. 아이스박스를 단순히 얼음과 신선한 고기, 우유를 보관하는 데 쓴 도시인들과는 달리 시장에 자주 들를 수 없고 수확기에 남은 농작물을 어떻게든 보관해야 하는 외딴 지역민들에게 아이스박스는 실로 구세주와 같았다. 그런 이들과 비교하면 미국 오하이오주의 더블린에 거주하던 코프먼 일가는 특히 운이 좋았다. 그들에게는 인근에서 수확한 얼음을 가득 채운 창고가 있었고 가까운 곳에 아이스박스가 구비된 집이 있었기 때문이다.[52] 결론적으로 19세기 중엽부터 일반 가정과 식료품 유통에 필요한 얼음 수요는 계속해서 늘어났다. 그것도 얼음 생산지와는 동떨어진 지역의 인구 증가와 함께 맞물려서 말이다. 미국에서는 1860년대 남북전쟁 기간에 북부의 보

* 영국 웨일스에서 가장 높은 산으로 고대 영어 단어인 Snaw Dun(눈의 언덕)에서 유래했다.

스턴과 남부 지역 간의 얼음 거래가 중단되고 같은 세기 후반에 연이은 겨울철 기온 상승으로 얼음 공급에 차질이 생기면서 큰 불안감이 조성되었다.[53] 급속히 성장하는 도시들은 충분한 양의 먹거리를 생산·수입·분배하고 냉장 보관하는 것이 특히 큰일이었다. 당시 사람들이 느꼈던 이 문제의 심각성은 '얼음 기근'이라는 단어에서 잘 드러난다. 더위가 심했던 1894년 여름, 미시간주의 한 신문은 시카고시의 얼음 보유량이 하루치뿐이라는 기사를 내고 상황을 비관했다.

"얼음 기근이 임박했다. 이 문제는 과거에 닥쳤던 과일과 채소, 버터, 달걀 등의 부족 현상보다도 훨씬 심각하다. 일반 가정을 비롯해 얼음을 사용하는 업주들은 오늘 밤 모든 것을 잃을 위기에 처했다."[54]

뉴욕에서도 이런 문제로 기사가 나면서 얼음과 식료품 가격이 오르자 "가난한 이들에게는 재난과도 같은 여름이 닥칠 것"[55]이라는 공포심이 싹텄다. 그간 얼음 운송에 활용되었던 철도 시스템에 대한 불신, 더운 날씨, 계속해서 증가하는 얼음에 대한 수요와 그로 인한 가격 상승, 이 모든 것이 얼음 기근의 원인이었다. 이런 현상은 19세기의 미국 도시 지역에만 국한되지 않았다. 19세기 중반에 캘커타와 봄베이에서는 수입용 얼음이 제때 운송되지 않아 기근을 겪었다. 영국 런던에서도 1898년과 1899년에 무더위로 얼음 기근이 일어나 노르웨이보다 먼 핀란드에서 얼음을 구해야만 했다.[56] 또 제1차 세계대전 중에는 얼음을 생산할 때 사용하는 암모니아 대부분이 탄약 공장에 투입되는 바람에 영국 곳곳에서 인공 얼음과 천연 얼음 모두 품귀 현상을 빚었다. 이처럼 각지에서 발생한 얼음 기근은 얼음을 이용한 냉각 방식의 불안정성을 크게 부각시켰다. 식료품 보존에 필요한 얼음과 냉기를 확실하게 공급할 방법을 찾아야 했던 것이다.

1913년 뉴욕의 어느 더운 날, 커다란 얼음덩어리를 핥으며 더위를 식히는 아이들.

제2장 냉각 기술의 발명

냉각은 간단히 말해 열을 제거하는 과정이다.

여기서 열이란 물질이 아니라 물질의 상태를 뜻한다.

—영국전기개발협회, 《가정용 전기냉장고 사용 안내서: 실전 점검 가이드*Electric Domestic Refrigerator Handbook: A Guide to Practical Maintenance*》(1952)[1]

19세기 후반 들어 세계 각지의 천연 얼음 공급량은 수요를 쫓아가지 못했다.[2] 이처럼 천연 얼음에 대한 의존도가 높아지자 변질되기 쉽고 다루기가 까다로우며 때때로 지구 반절을 돌아야 하는 고중량 화물의 수송을 피하기 위해서라도 얼음을 인공적으로 생산할 필요성이 커졌다. 사실 냉장고 개발에 필요한 과학기술은 16세기에서 19세기를 거치며 대부분 마련된 상태였다.[3] 그 과정에서 수많은 과학적 발견과 기술의 발전상이 큰 흐름을 이루어 마침내 필연처럼 냉장고가 발명되었다면 이야기가 참 쉬울 텐데, 실제로는 그렇지 않았다. 초창기의 냉각 장치들은 과학 실험 기기라고 착각할 만큼 그 모양새가 오늘날 우리에게 익숙한 가정용 냉장고와 동떨어져 있었고, 이 주제에 관심을 둔 과학자와 발명가 들은 제각각 다른 접근 방식을 취하며 열역학과 냉각 기술 분야를 발전시켰다.

대부분의 실험이 이루어진 곳은 오스트레일리아를 포함한 남태평양 지역과 북아메리카 그리고 서유럽이었다. 유럽에서는 영국과 프랑스, 독일, 스위스가 냉각 기술 연구에서 특히 강세를 보였다. 이 네 국가는 냉기의 생산과 냉장고 개발에 유독 큰 관심을 보였는데, 모두 천연 얼음이 부족한 사태가 빈번하게 나타나는 지역이었기 때문이다. 오스트레일리아의 경우에는 자국의 생산품을 수출하고자 하는 열망이 그런 필요성을 대신했다. 당시 수많은 과학자와 기술자, 사업가가 쏟은 노력은 냉장고 개발에 필요한 세 가지 핵심 영역을 발전시켰다. 그중 첫 번째는 열과 온도, 기체의 움직임을 다룬 기초과학의 이해도를 높인 것이고, 두 번째는 열을 운반하는 매개체인 냉매 가스를 개발한 것, 세 번째는 냉기가 계속 순환하는 방법을 고안한 것이었다.

하지만 냉기를 '창조'하기 위해 많은 이가 오랜 시간 연구에 힘썼음에도 19세기 중반까지 과학과 기술은 대체로 별개의 영역처럼 다뤄졌다.[4] 마이클 패러데이Michael Faraday는 기체 액화 현상을 연구하며 냉각제를 발견했지만 냉각 장치를 제조하는 데까지 나아가지 않았다. 그 뒤로 프랑스의 물리학자 니콜라스 카르노Nicolas Carnot와 영국의 물리학자 제임스 줄James Joule과

윌리엄 톰슨William Thomson(켈빈Kelvin 남작)을 비롯한 과학자들은 열역학 법칙과 물질 간 에너지 및 열전달에 관한 이론을 정교하게 발전시키는 데 공헌했다. 한편으로 제이컵 퍼킨스Jacob Perkins와 리처드 트레비식Richard Trevithick 같은 발명가들은 증기력을 바탕으로 지속적인 냉각 순환 기술을 발전시키며 동력을 이용한 기계식 냉각 장치가 탄생하는 데 필요한 토대를 마련했다.[5] 그러나 이런 기술 계통 종사자들은 근간에 깔린 과학 지식을 모르는 경우가 많았고 반대로 열역학 분야를 탐구하던 과학자들은 새로운 지식의 잠재적 효용성에 관심을 두지 않았다. 이처럼 두 분야의 교류가 드물었던 탓에 냉기를 창조하기 위한 초창기의 실험들은 흔히 초자연 현상처럼 여겨졌다.

1620년 여름, 네덜란드의 발명가인 코르넬리우스 드레벨Cornelius Drebbel은 모종의 냉각용 혼합물을 이용해 제임스 1세의 왕궁을 몸이 으슬으슬할 만큼 춥게 만들었다. 하지만 그는 차가움이 단순히 열이 부족한 상태임을 이해하지 못하고 그 자체로 어딘가에 존재한다고 여겼다. 이 사실은 드레벨이 궁정 마술사이던 당시에 마술과 과학 연구에 관한 인식이 어떠했는지를 잘 보여준다.[6] 그뿐 아니라 19세기 초에 기계식 냉각 기술을 고안한 발명가들(퍼킨스와 올리버 에번스Oliver Evans 등)도 인공 제빙기를 만들었지만, 그 근본이 되는 열역학과 기체 법칙(이런 법칙들은 그때만 해도 정확히 이론화되거나 해명되지 않았다)이나 암모니아(액화 실험이 이루어지고 순환식 냉각 장치용 냉매로 적합한지 밝혀진 것은 조금 더 뒤의 일이다)처럼 유용한 냉매에 관해서도 알지 못했다.

그 뒤 과학 이론이 기술 영역으로 더 깊이 침투한 19세기 중반에도 기계식 냉각 장치는 여전히 실험의 영역으로 남아 있었다. 일단 이 책에서는 냉장고의 개발에 기여한 여러 가지 과학 실험과 기술적 진보에 관한 설명을 생략할 것이다. 이미 다른 작가들이 그 과정을 훌륭하게 서술했기 때문이다.[7] 결과만 이야기하자면, 실질적으로 냉장고라고 할 만한 물건은 얼음에 대한 수요가 늘면서 과학과 기술 분야의 모든 퍼즐 조각이 하나로 합쳐진 19세기 후반에야 비로소 등장하게 되었다.

전시장으로 나온 냉각 기술

실용적인 시판용 냉각 장치가 탄생하는 데 가장 의미 있는 발전이 이루어진 시대에 런던의 사우스 켄싱턴에서는 두 가지 중요한 전시회가 개최되었다. 이 기간, 더 정확히 말해서 1830년대부터 1930년대 사이에는 냉각 기술에 관한 특허 신청이 넘쳐날 정도였고 실제로 특허를 취득한 기계식 냉각기만 해도 수백 가지에 달했다.[8] 1930년대 초 영국에서는 특허 자료가 너무 많아서 런던과학박물관 측이 목록을 정리한 책을 따로 만들 정도였다.[9] 앞서 언급한 전시회 중 첫 번째는 1862년에 개최된 런던만국박람회로, 그곳에서는 냉각 기술의 진로와 전망을 밝힌 두 종류의 기계 장치가 첫선을 보였다. 두 번째는 1934년에 열린 냉각기술박람회로, 개최 장소가 1862년도 만국박람회장 바로 곁에 붙어 있던 과학박물관이었다. 그 시기에는 70여 년 전의 행사에서 소개한 기술을 그대로 활용한 가정용 냉장고가 생산되고 있었다.

1862년에 런던을 방문한 사람이라면 아마 십중팔구는 만국박람회를 보러 사우스 켄싱턴으로 향했을 것이다. 1851년도에 열린 대영박람회Great Exhibition[10]를 계승한 이 행사는 영국왕립원예협회 부속 정원 앞에 지은 약 9만 3,000제곱미터(약 2만 8,000평) 규모의 건물(현재는 자연사박물관과 과학박물관이 그 자리를 대신하고 있다)에서 진행되었다. 그해 5월에서 10월 사이에 행사장을 들른 관객은 무려 610만 명에 달했다. 이는 1851년도 대영박람회의 방문자 수보다 많을 뿐 아니라 당시 잉글랜드와 웨일스 인구의 약 3분의 1에 맞먹는 수치다. 그곳에는 온갖 예술 작품과 공업 생산품, 발명품 등이 함께 전시되었는데 세계 각국에서 온 출품자 수만 해도 2만 8,000명이 넘었다. 이처럼 큰 반향을 일으키며 많은 관람객을 유치한 대규모 전시회는 대중의 관심과 투자자의 지원을 간절히 바라던 창작자들을 한자리에 모으고 새로운 발명품의 성능을 확인하는 시험장 역할을 했다. 웨넘사의 사무실 창가에 전시했던 거대한 얼음처럼 만국박람회는 만인의 볼거리로서 전시 관계자들이 새로운 아이디어와 발명품을 파는 통로이자 일반 대중을 계몽하는 장이었다.

• 1862년 사우스 켄싱턴의 크롬웰 거리에 세워진 만국박람회 건물. 레이턴Leighton 형제가 완성한 이 다색 석판화는 《일러스트레이티드 런던 뉴스》 특별 증보판에 수록되었다.

당시 크롬웰 거리와 접한 박람회장 정문의 서쪽에는 '가동형 기계류'를 진열한 별관이 있었다. 그곳에는 '얼음과 탄산수'라는 팻말 뒤로 몇 가지 장치가 전시되었는데, 이름에서도 알 수 있듯이 초점은 냉각 기술 자체보다 얼음을 인공적으로 생산하는 방법에 맞춰졌다. 물론 본질적으로는 출품자들 나름의 방식으로 새로운 냉각 기술을 소개하는 것과 같았다. 그중에는 대니얼 시브Daniel Siebe의 신형 증기 압축식 제빙기new vapour compression ice-making machine가 있었다. 그는 런던의 램버스 지구에 소재한 시브 브라더스Siebe Brothers 공업사 소속으로, 제임스 해리슨James Harrison의 특허품을 개량해 전시장에 내놓았다. 이 장치는 박람회 공식 카탈로그에 1986번 전시품으로 등록되었다.

시브-해리슨 제빙기가 전시된 곳에서 조금 더 왼쪽으로 가면 페르디낭 카레Ferdinand Carre의 '얼음 제조기Machine for making ice(카탈로그에는 1191번으로 등록되었고 전시장 평면도에 '카레의 제빙기'라고 별도 표기될 만큼 큰 주목을 받았다)'가 있었다. 이 장치는 냉각 효과를 내기 위해 기계식 증기기관steam engine 대신 열을 이용한 가스 흡수식 순환 구조*를 채택했다. 시브와 카레가 선보인 기술은 후대 발명가들에게 좋은 본보기가 되었고 이들의 냉각 기법은 19세기의 나머지 기간과 20세기의 냉장고 개발 역사에 막대한 영향을 미쳤다.

* 이 방식을 이용한 냉장고는 열원으로 연료 가스를 쓰는 경우가 많아 흔히 가스냉장고로 불린다.

- 1862년 만국박람회에 출품된 시브-해리슨 제빙기. 《일러스트레이티드 런던 뉴스》에 수록된 그림이다.

- 스코틀랜드 출신인 해리슨은 냉각 기술 분야의 선구자였다. 이 사진은 1870년경에 촬영되었다.

시브-해리슨 제빙기는 해리슨이 1850년대에 밀폐순환 냉각 기술과 관련된 다수의 특허를 취득한 이후 탄생했다. 발명가이자 사업가 겸 언론인이었던 해리슨은 1837년에 스코틀랜드에서 오스트레일리아의 시드니로 이주한 뒤부터 냉각 기술을 연구했다. 그에게 영감을 준 것은 미국의 발명가 퍼킨스가 만든 증기 압축식 제빙기였다.[11] 퍼킨스는 현대식 가정용 냉장고처럼 냉매의 순환(압축·응축·팽창 과정)과 재사용이 가능한 밀폐순환 장치를 만들어 이 분야에 새로운 돌파구를 마련했다. 이는 훗날 냉장고의 성공에 극히 중요한 사건이었다.[12] 그전에 등장한 발명품들은 냉매가 순환 과정에서 금세 손실되는 '일회용'에 불과했다. 하지만 유용한 기계를 발명하는 것이 항상 상업적인 성공으로 직결되지는 않는다. 퍼킨스의 제빙기는 가동 비용이 많이 들었고 먼 나라에서 수송되는 천연 얼음과 비교해도 경제성이 꽤 떨어졌다.

해리슨에게는 자신의 발명품에 관한 선견지명이 있었다. 그는 천연 얼음이 귀했던 오스트레일리아에서 인공 얼음이 잘 팔릴 것이라고 예측했다.[13] 그리고 냉각 장치가 건물의 냉방이나 주류 제조 공정에 도움을 주고 식료품을 냉장·냉동 상태로 수송하는 데도 유용하리라고 내다보았다.[14] 1850년대 후반에 그는 자신의 아이디어를 구현하려면 전문적인 공학 지식과 기술이 필요함을 깨닫고 시브 브라더스사와 손을 잡았다. 영국 런던에 소재한 이 가족 기업은 기계 설계와 가공에서 상당한 기술력과 경험을 갖추고 있었다. 해리슨은 시브와 함께 설계도를 수정하고 만족스러운 결과를 얻었다. 그들이 완성한 새 장치는 1858년 런던의 레드 라이언 광장 4번지에서 성능 시험을 거쳤다. 많은 언론이 이 시험에 관심을 보였고 심지어는 패러데이까지 시험장을 찾기에 이르렀다.[15] 이후 수년간 그들은 이 제빙기를 최소 2분의 1마력에서 최대 10마력 규모까지 다양한 크기로 만들어 런던과 빈, 파리, 오스트레일리아 등지에서 전시했다.[16] 그리고 시브가 1862년도 만국박람회에 출품한 '개량형' 제빙기는 여러 개의 메달을 수상했다.

그해 만국박람회 개최에 발맞춰 발간된 신문, 잡지와 백과사전에는 이 기계가 매우 자세히 소개되었다. 시브-해리슨 제빙기의 밀폐순환 냉각 체계는 제이컵 퍼킨스의 발상을 토대로 개발되었다. 냉매 가스(시브-해리슨 제빙기에서는 에테르를 사용)를 응축하고 진공 상태에서 증발시키는 과정을 번갈아가며 냉각할 물질의 열을 빼앗는 것이었다. 장치 중앙부의 실린더에는 증발기에서 응축기로 에테르 증기의 이동을 제어하는 밸브가 있었다. 에테르의 증발로 '생성'된 냉기는 곧 소금물이 흐르는 도관을 따라서 수조(이 통을 '냉장고'라고 불렀다)로 전달되었다. 수조는 담수와 함께 금속제 틀로 채워졌는데 차가운 소금물이 그 주변을 돌면 온도가 내려가면서 물이 얼어붙었다. 그렇게 에테르와 소금물은 열을 방출하고 흡수하며 순환(신문에서는 이것이 "인체의 혈액 순환 방식과 약간 닮았다"고 묘사했다)했고 에테르는 다시 압축

과 응결 반응을 거치며 모든 과정을 되풀이했다.[17]

1862년에 시브-해리슨 제빙기 중 가장 큰 기계는 얼음을 하루에 10톤까지 생산했다.[18] 그런 만큼 19세기 후반에 대형 얼음 공장 중 상당수가 이 방식에 의존했다는 사실이 그다지 놀랍지는 않다. 그 뒤로도 해리슨과 시브 브라더스사(훗날 시브 앤드 고먼Siebe and Gorman사로 변경)는 냉각 장치를 계속 개발하며 관련 특허를 다수 출원했다.[19] 결과적으로 증기 압축식 냉각법은 개선에 개선을 거듭하면서 19세기 후반과 20세기를 통틀어 가장 널리 쓰인 냉각 방식이 되었다.[20]

1862년도 만국박람회장에서 카레의 암모니아 흡수식 제빙기[21]는 세계 각국의 출품작들과 함께 전시되었는데, 그곳은 시브의 제빙기가 전시된 곳에서 겨우 몇 미터 떨어진 위치였다. 믿기 어렵겠지만 두 사람은 서로의 제작물을 살펴볼 기회가 없었다고 한다. 카레의 발명품은 1859년에 프랑스에서 발급된 특허장을 자랑하며 시브-해리슨 제빙기처럼 '얼음 마술'을 부렸다. 소리는 훨씬 조용했다. 소음이 심한 증기 압축 방식 대신 고체 연료식 난로에서 생성된 열과 암모니아수를 채운 보일러로 냉각 효과를 냈기 때문이다.[22] 이 장치는 약 60년 뒤 일렉트로룩스Electrolux가 저소음 가정용 냉장고를 만드는 데 영감을 주었다. 또 카레의 동생인 에드몽 카레가 형의 발명에 뒤이어 만든 음료 냉각기도 원리는 크게 다르지 않았다. 구리관과 놋쇠 잠금장치, 나무판 등을 이용해 만든 이 장치는 현재 런던과학박물관에 보관되어 있다.[23] 한편 페르디낭 카레의 발명품에는 시브-해리슨 제빙기와 구별되는 또 다른 특징이 있었다. 대형 제빙기 외에도 '가정용'으로 제작된 소형 제빙기가 있다는 것이었다. 언론은 이 "작은 기계"가 프랑스산 발명품임을 강조하고 싶었는지 단 10분이면 샴페인 한 병을 차게 식힐 수 있다고 소개했다. 다만 샴페인 병을 장치 내에 너무 오래 둘 경우 "탄산이 포함된 내용물"이 "퍼석퍼석한 덩어리"로 변하는 단점이 있다고 지적했다.[24] 당시에 카레의 대형 제빙기는 양조장이나 양초 제조장처럼 "여름이면 부득이하게 일을 그만두어야 하는 업종"에서 사용하도록 권장되었다.[25] 한 가지 재미있는 사실은 미국 남북전쟁 시기에 이 기기가 북군의 해상 봉쇄를 뚫고 남부로 밀반입되었다는 것이다. 한동안 천연 얼음을 수급하기 어려웠던 남부 연합은 그 뒤로 인공 얼음을 마음껏 만들어 쓰게 되었다.

1862년도 행사 같은 대규모 시연회와 전시회는 기업체나 발명가들이 자기 제품을 홍보하기에 좋은 기회였다. 당시는 각종 행사와 인쇄 매체로 지식이 전파되던 시대였기에 발명 자금이 필요한 입장에서는 공개 시연회와 전시회, 그리고 거기서 파생된 신문 보도가 무엇보다 중요했다. 그중에서도 특히 《일러스트레이티드 런던 뉴스》는 과학기술에 관한 설명회나 시연회 정보를 꾸준히 기사화했다. 그 대표적인 예가 1847년에 보도한 존 링스John Lings와 조지 키스 2세George Keith, Jr.의 발명품 시

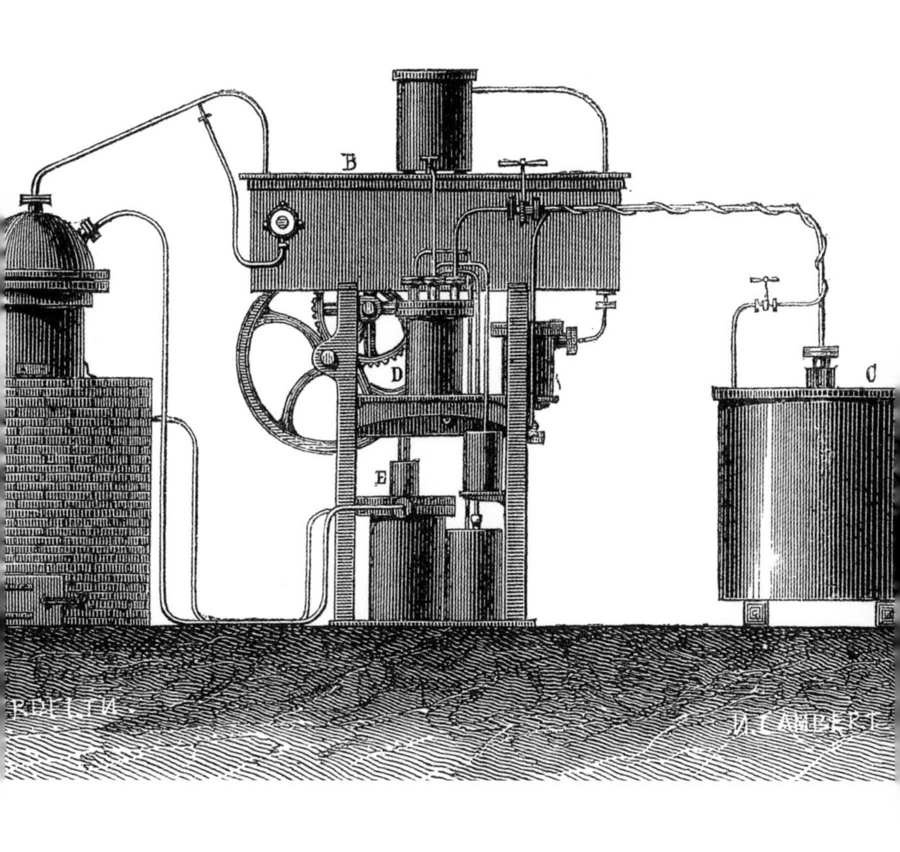

1862년도 만국박람회 카탈로그 3권에 실린 페르디낭 카레의 〈연속적인 증발과 액화를 이용한 얼음 제조기〉 삽화.

연회 소식이었다. 그들은 직접 만든 아이스박스의 원리를 소개하고 얼어붙은 아스파라거스와 딸기를 보여주며 새 발명품의 "냉기 생산 능력"을 증명했다.[26] 이 장치는 1862년도 만국박람회에도 출품되었으며 공식 카탈로그에는 제품 삽화까지 실렸다.[27] 그해 함께 출품된 시브-해리슨 제빙기와 카레의 제빙기는 관람객들에게서 특히 많은 관심을 받았다. '가동형 기계류' 전시장의 내방객 가운데는 손때 묻은 카탈로그를 쥔 "근엄한 신사들"과 "지식을 쌓으려고" 찾아온 숙녀들이 꽤 눈에 띄었다.[28]

약간의 쇼맨십이 섞인 성능 시연 광경은 두 제빙기를 언급한《일러스트레이티드 런던 뉴스》의 기사와 더불어 큰 홍보 효과를 냈다. 이 신문은 당시 출품된 얼음 제조기들(그중에서도 특히 시브-해리슨 제빙기)을 1862년도 만국박람회의 주요 볼거리로 호평했다. 열을 이용해 냉기를 만드는 과정이 마치 신비한 마술 같았기 때문이다. 신문 기사는 대중이나 과학 이론에 밝은 관람객 할 것 없이 모두 제빙기의 매력에 깊이 빠져들었다고 묘사했다.

> 서쪽 별관은 온갖 기계들이 자아내는 경이로움으로 가득하지만, 그중에서도 단연 으뜸은 얼음 제조기일 것이다. 과학을 전혀 모르는 방문객들은 물론이고 이론적으로 꽤 안다 하는 식자들도 별안간 눈앞에

나타난 작은 얼음덩이에 놀라기는 매한가지였다.
이것은 모두 강력한 증기기관과 뜨겁게 달아오른
여러 기계 장치의 힘으로 만들어졌다.[29]

그때도 냉각 기술을 향한 회의론이 남아 있었지만, 이 보도에 드러난 호의적인 태도와 약 20년 전 존 고리John Gorrie의 제빙기를 두고 미국에서 일었던 반응은 달라도 너무 달랐다. 고리의 발명품이 등장했을 때는 그런 실험이 "자연법칙을 어기고" 신의 뜻을 거스른다는 인식이 지배적이었다. 내과 의사였던 고리는 환자들의 열을 다스릴 목적으로 제빙기를 만들었으나 사람들은 "신이 창조한 얼음"[30]을 잘라 쓰는 행위와 인위적으로 얼음을 만드는 행위를 완전히 다른 문제로 생각했다. 그의 발명품은 반종교적이라는 이유로 대중의 냉소와 불신, 반감을 자아냈는데 특히 《뉴욕 글로브New York Globe》는 고리를 "괴짜"로 몰아세우며 "전지전능한 신처럼 얼음을 만드는 자!"라고 조롱했다.[31] 고리의 발명에 대한 반감은 분명히 조장된 측면이 있었지만, 실제로 19세기에 미국과 유럽에서는 청교도주의의 영향으로 기술 발전을 두려워하고 인위적으로 얼음을 제조하는 행위를 "신을 향한 도전"[32]으로 보는 경향이 있었다. 기계는 "그들의 직업과 영혼까지 빼앗는 것"으로 여겨졌다.[33] 반면 그 무렵 영국에서는 과학기술에 관한 공포심이 주로 일자리 문제와 관련 있었고 사람들은 새로운 기계와 공장이 도입되면서 실직하고 작업이 규격화되는 것을 겁냈다. 놀랍게도 미국에는 아직도 종교적인 이유로 최신 냉장·냉동 기술을 거부하는 집단이 있다. 바로 미국 곳곳에 퍼져 있는 아미시 공동체다. 그중 한 곳인 인디애나주의 클리어 브룩 아미시 공동체에서는 1980년대 들어 기존에 쓰던 아이스박스 대신 등유를 이용한 현대식 냉장고를 쓰느냐 마느냐로 논쟁이 일기도 했다.[34]

만국박람회에서 시브-해리슨 제빙기와 카레의 제빙기가 크게 주목받은 것은 타이밍이 좋았던 덕분이기도 했다. 대중과 산업계의 관심이 냉각 기술 쪽으로 쏠리기 시작하던 무렵에 때마침 전시회가 열린 것이다. 돌이켜보면 만국박람회는 이 분야에 새로운 전환점을 마련해준 셈이다. 그러나 냉각 장치의 잠재력을 현실로 끌어낸 이들은 해리슨이나 카레가 아니라 그 뒤를 따른 발명가들이었다. 그 결과 한층 정교하고 성능 좋은 기계들이 다수 등장한 19세기 말은 냉장고 발전사에서 가장 풍성한 결실을 이룬 시절로 기록되었다. 이 시기에는 린데 제빙기 회사Gesellschaft für Lindes Eismaschinen Aktiengesellschaft[35]와 벨-콜먼 기계 냉동 회사Bell-Coleman Mechanical Refrigeration Co.[36] 같은 신생 기업들을 비롯해 엔지니어링 부문에서 명성이 높았던 J.&E. 홀J.&E. Hall사까지 냉각 설비 분야에 뛰어들었다.

이제 냉기를 활용한 기술은 얼음을 만드는 일보다 식품의 냉장·냉동 보관으로 흐름이 넘어가고 있었다. 일단 기업들은 선박에 냉각기를 설치하는 데 집중했다. 육류와 생선, 유

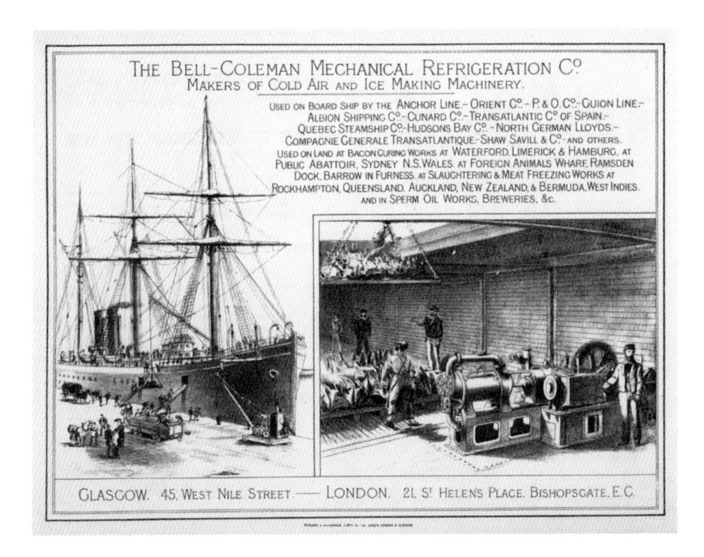

• 1890년경 벨-콜먼 기계 냉동 회사가 낸 광고. 출항을 앞두고 냉동고에 공기 냉동기와 육류를 선적 중인 냉동화물선 모습이 보인다.

•• 증기선 빅토리아호의 냉동고를 묘사한 이 삽화는 1877년에 〈고기를 걸어둔 곳Where the meat is hung〉이라는 제목으로 《일러스트레이티드 런던 뉴스》에 게재되었다.

제품을 세계 각지로 실어 나르기 위해서였다. 모두가 한껏 고조되어 있던 그때 이 장치는 장소를 불문하고 어디서나 모습을 보였다. 그중 일부는 학술적인 용도로 쓰였지만, 얼마 지나지 않아서 저온 창고와 양조장, 스케이트장, 시체 안치실은 물론이고 아이스크림 가게와 호텔까지 거의 모든 곳에 냉각 설비가 들어섰다.[37] 이런 장치들은 대부분 증기력을 활용한 탓에 크기가 거대할 수밖에 없었다.[38] 그렇게 커다란 상공업용 냉각기가 활약하던 시대에 전기나 가스로 작동하는 가정용 냉장고란 상상조차 할 수 없는 꿈이었다. 물론 그것도 누군가가 꿈이라도 꾸었을 때의 이야기였다.

그 무렵 실험과 대중의 관심은 선박용 냉각 설비에 집중되었다. 각종 신문 기사는 머나먼 타국에서 온 화물이 도착하는 광경을 극적으로 묘사하며 사람들의 호기심을 충족해주었다. 우선 1870년대 후반에는 르 프리고리피크호와 파라과이호 같은 증기선들이 아르헨티나에서 프랑스까지 냉동육을 운반하며 당시로서는 앞날이 불확실한 화물과 시장의 상황을 살폈다.[39] 그 뒤 또 다른 수송선인 스트래스레븐Strathleven호는 벨-콜먼사의 공기 냉동기를 장착하고 오스트레일리아에서 영국 런던까지 냉동된 양고기와 소고기 40톤을 운반했다.[40] 전해지는 바로는 모든 고기가 "최상의 상태로 도착"해 스미스필드 시장(런던에서 가장 규모가 크고 역사가 오래된 식육 시장)에서 "좋은 가격으로 팔렸다"고 한다. 그런데 이러한 초창기의 대형 냉각 시설은 작업 환경이 무척 열악했다. 일례로 J.&E. 홀사의 공기 냉동기가 설치된 선박의 작업자들은 항해 도중 '육류 보관실'에 들어가면 매뉴얼에 따라 출입이 통제된 채 그 안에 한참을 머물러야 했다.[41] 공기 중의 수증기가 얼어붙어 생긴 성에 때문에 냉동기가 막히지 않도록 실내를 청소해야 했기 때문이다. 그런 상황이다 보니 당시 지침서에 "냉동실에 들어간 사람은 입이 아닌 코로만 숨을 쉬도록 주의해야 한다"라는 설명이 있는 것도 놀랍지는 않다.[42]

콜드체인이 만든 세상

얼기설기 이어져 있던 초기의 저온 유통 체계는 19세기 말에 이르러 한층 유기적인 구조를 갖추고 이전보다 큰 영향력을 발휘하기 시작했다. 이 유통망은 신식 냉각 장치부터 전통적인 저온 저장고까지 망라하며 식품의 원산지와 이동 경로, 목적지를 하나로 이었다. 항구에는 배로 수송되는 상품들, 그중에서도 특히 육류와 생선, 유제품을 차게 보관하기 위한 대형 냉각 설비가 점점 늘어났다. 이런 기계류는 매우 튼튼하게 제작되어 수명이 길었다. 리버풀 부둣가의 유니온 냉동 창고Union Cold Store에서 사용된 라이트풋Lightfoot 냉동기는 1918년부터 1980년까지 완벽하게 작동했다.[43] 항구에 들어선 저온 창고의 개수는 19세기 후반부터 점차 늘어난 시장과 호텔의 대형 냉각 시설들[44]과 더불어 식품 분야와 냉장·냉동고의 상호 의존적인 공생 관계가 계속 강화되고 있음을 보여주는 지표였다. 당시는 과거에 볼 수 없었던 새로운 기반 시설들이 마치 무에서 유를 창조하듯 믿기 어려울 만큼 빠르게 구축되고 있었다. 한 예로 1886년에 영국은 양고기 3만 마리 분량을 들여오기 위해 남대서양의 포클랜드 제도로 정육업자들을 파견하며 수많은 포장자재를 함께 보냈다. 그 지역에는 아직 그만 한 물량을 처리할 설비가 갖추어지지 않았기 때문이었다.[45]

1900년에 전 세계를 오가는 냉동화물선은 350여 대에 이르렀다. 1918년에는 영국이 보유한 것만 해도 230대였다.[46] 이러한 변화는 농수산업과 식료품 공급망에 엄청난 영향을 미쳤다. 각종 식품을 상할 염려 없이 냉장 상태로 천천히 운송할 수 있게 되었고 아예 얼릴 경우에는 이동 기간이 더 늘어도 끄떡없었다. 덕분에 신선한 육류와 생선, 과일과 채소 등이 세계 곳곳을 오가며 거래되기 시작했고 어선들은 바다에 더 오래 머물며 조업할 수 있게 되었다. 또 이전에는 현지 농장에서 시장까지 가축들을 '산 채'로 수송했지만, 이제는 아르헨티나와 뉴질랜드에서 건너온 소고기와 버터가 유럽 각지의 저온 창고와 시장을 하나둘씩 채워가고 있었다. 저온 유통이 활성화되면서 사람들은 한때 비싸서 먹을 엄두도 내지 못하던 음식이나 제철에만 겨우 맛보던 먹거리를 계절과 지역에 상관없이 즐기게 되었다.

한편 대체로 부유한 대지주였던 현지 생산자들은 시장 가격에 대한 지배력을 상당 부분 상실했다. 그들은 값싼 수입 식품 때문에 생산물 판매가를 대폭 낮추어야 했지만, 다른 나라의 농부들은 머나먼 땅에 새롭게 진입할 시장이 생겨 반가울 따름이었다.[47] 처음에는 이런 수입산 고기의 품질을 미심쩍어하는 소비자도 있었다.[48] 그러나 대부분은 저렴한 가격에 이미 마음이 넘어간 상태였다. 현지 농민들의 처지와는 다르게 냉장·냉동식품의 유입이 소비자에게 미친 영향은 대체로 긍정적이었다. 다만 그 파급 수준이 "우리가 잉여 농산물을 현금으로 전환하는 길은 냉각 기술을 활용하는 방법밖에 없다. 이는 유럽의 굶주린 서민들을 구제하는 길이기도 하다"[49]라고 기술한 1895년도 오스트레일리아 산업 보고서의 예측만큼은 아니었다. 물론 유럽에는 변화를 거부하는 이들도 있었다. 프랑스에서는 정육업자와 농민 들이 단합해 수입산 냉장·냉동육에 관세를 엄격하게 부과해달라고 정부에 요청했다. 그렇지 않아도 소비자들이 얼린 수입육을 꺼리던 마당에 이 요청이 받아들여지면서 프랑스에서는 1912년까지 육류 수입이 거의 없다시피 했다. 그러다가 값비싼 식료품 가격 때문에 폭동이 일고 "냉각 기술에 대한 문화적 이질감"보다 현실적인 필요성이 우선시되면서 상황은 바뀌었다.[50]

런던의 스미스필드 시장처럼 살아 있는 가축을 현장에서 도살한 뒤 생고기를 팔던 전 세계의 유명 식육 시장들은 차츰 저온

• 1938년에 스미스필드 시장에서 정육점 직원들이 화물차로 고기를 나르는 모습.

•• 드 라 베르뉴 냉각기 회사의 1898년도 홍보 책자에 실린 소고기 냉장 보관실 이미지.

창고에 의존하는 냉장·냉동육 중심의 시장으로 변화했고 수입육 비중 역시 점점 커졌다. 스미스필드 생고기 시장은 1851년 한 해 동안에만 대략 양 50만 마리와 소 25만 마리를 처리할 정도로 규모가 컸다. 그만큼 온갖 오물이나 먼지, 소음도 많이 배출되어 언론은 우려 섞인 목소리를 높이기도 했다. 실제로 자칭 "늙은 목동"이라는 목축업자를 비롯해 많은 이가 "동물들이 겪는 비참하고도 극악한 대우"에 몸서리를 쳤고[51] 디킨스는 소설《올리버 트위스트*Oliver Twist*》에서 올리버가 시장에서 악랄한 빌 사익스에게 질질 끌려가는 장면을 묘사하며 당시 스미스필드의 이미지를 독자들 뇌리에 똑똑히 각인시켰다. 소설 속의 시장 거리에서 올리버는 "발목이 빠질 것 같은 오물더미와 진흙탕…… 지독한 악취가 풍기는 소의 사체…… 양 떼가 우는 소리…… 돼지가 꽥꽥대는 소리"가 자아낸 "충격적이고도 혼란스러운 광경에 정신을 못 차릴 지경"이었다.[52]

그렇게 살벌한 풍경이 오랜 세월 이어지던 어느 날, 최고의 품질을 자랑하는 스코틀랜드의 애버딘앵거스 소고기가 열차에 실려 런던에 당도했다. 그리고 1890년대에 이르러서는 런던에서 유통되는 고기의 대부분이 얼린 상태로 수입되었고 1895년에는 수입산 냉장·냉동육이 영국에서 소비되는 육류 중 무려 3분의 1을 차지하게 되었다.[53] 그러나 냉각 기술로 인한 변화가 늘 반가운 것만은 아니었다. 과거에는 가난한 서민들이 스미스필드 시장의 정육점에서 동전 한두 푼으로 값싼 자투리 고기를 구할 수 있었지만 냉장고 때문에 식자재의 유통기한이 늘고 버리는 부위가 줄어들면서 그와 같은 모습은 이내 사라지고 말았다.[54]

냉각 기술 박람회와 대중 교화

냉각 기술을 향한 열광적인 반응은《아이스 앤드 리프리저레이션Ice and Refrigeration》같은 미국 월간지와 각종 업체의 홍보 책자, 주요 신문의 광고에서도 잘 드러났다. 당시의 광고는 냉각 설비의 규모, 그런 기계를 만드는 데 필요한 기술과 자원, 그 뒤에 감춰진 과학의 "신비로운 면모" 등을 인상적인 삽화로 그려냈다. 또한 천연 얼음과 냉각기를 함께 사용하는 대형 양조장이나 최신 기기를 들인 낙농장, 버터 공장, 정육점의 모습을 담기도 했다.[55]

드 라 베르뉴 냉각기 회사De La Vergne Refrigerating Machine Company 같은 냉장·냉동기기 제조사들은 금테를 두른 종이와 양질의 삽화가 쓰인 화려한 홍보 책자로 수많은 제품을 자세히 소개했다. 그들이 과하다 싶을 만큼 홍보 책자에 공을 들이고 또 증쇄까지 거듭한 것은 모두 소비자의 "끊임없는 성원"이 있었기 때문이다.[56] 이런 기업들은 언론의 관심을 끌 요량으로 제빙기를 이용해 독특한 구조물을 만들기도 했다. 그중 하나가 얼음 벽돌

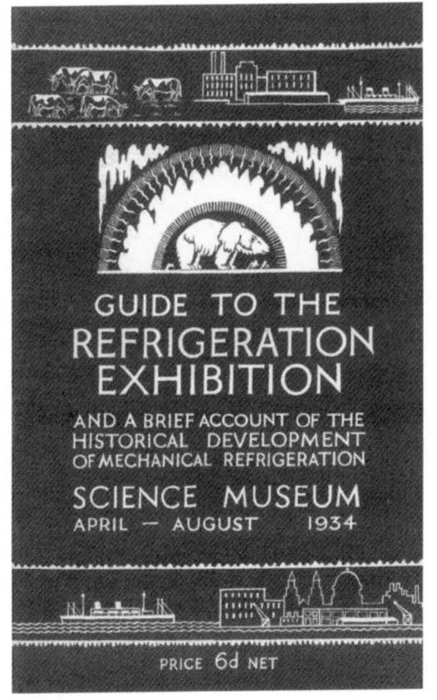

• 이 그림은 〈당사의 기기를 이용하여 만든 얼음 벽돌성Tower of Ice Blocks Made with Our Machines〉이라는 제목으로 드 라 베르뉴 냉각기 회사의 1898년도 홍보 책자에 실렸다.

•• 1934년도 냉각기술박람회의 카탈로그 표지에서도 알 수 있듯이 당시 행사는 저온 유통의 상업적 가치를 강조했다. 소 떼와 공장에서 화물선과 항구로 이어지는 그림은 식료품 원산지로부터 도착항까지의 저온 유통 경로를 시각적으로 잘 보여준다.

을 쌓아 만든 실물 크기의 성채였다. 이렇듯 냉각 기술은 세상을 이전과 다르게 바꾸어가고 있었다. 하지만 놀랍게도 런던과학박물관에서 이를 주제로 한 전시회가 열리기까지는 꽤 많은 시간이 흘러야 했다.

일찍이 만국박람회가 그러했듯이 냉각 기술을 일반 대중과 산업계 전반에 널리 알리는 데 가장 좋은 방법은 관련 제품들을 직접 보여주는 것이었다. 런던과학박물관이 냉각기술박람회를 주최한 해는 1934년으로, 1862년도 런던만국박람회로부터 72년, 퍼킨스가 눈부신 발명을 이루어낸 지 100년 만이었다. 이 행사는 방문객들에게 냉각 기술의 발전 동향을 보여주는 일종의 역사 전시회였다. 그 무렵 업계를 주도하던 냉각기 제조사들은 이 박람회를 위해 각종 기계 장비와 제품을 런던과학박물관에 대여했다. 현재는 그해에 전시된 몇 가지 관련 물품과 그림들, 박람회 카탈로그, 관계자들의 편지 정도만이 박물관 자료보관실 깊숙한 곳에 남아 있다. 그러나 당시 박람회에는 냉각 장치의 작동 원리를 소개하는 견본품과 상품 들이 상세한 이론 설명과 함께 전시되었고 개중에는 실제로 식품을 활용해 냉각 효과가 어떤지 보여주는 전시물도 있었다. 방문객들은 이를 통해 냉각 기술이 어떻게 식품의 부패 속도를 늦추는지, 또 여러 가지 먹거리를 어떤 온도에서 수송하고 보관해야 하는지를 확인할 수 있었다. 이처럼 1934년도 냉각기술박람회는 산업 분야와 손잡고 "대중을 교화"하려 했던 옛 박물관 전

시회의 전통을 충실히 따랐다.[57]

이 행사는 냉각 기술의 유용성을 전파하는 동시에 냉장·냉동 설비로 얼마나 많은 상품이 생산·수송되는지도 알렸다. 박람회 카탈로그에는 1932년에 영국으로 식료품을 수출한 30개국의 목록도 실렸다.[58] 당시에는 모든 이의 관심이 대규모 상업용 냉각 설비로 향해 있었다. 박람회 카탈로그는 표지부터 그러한 분위기를 반영해 식료품 원산지와 도착항을 잇는 유통망에서 냉장고가 핵심적인 역할을 하고 있음을 보여주었다. 그리고 냉각 기술이 식품의 보관과 수송이라는 역할을 넘어 이 세계에 큰 영향을 미쳤음을 암시적으로 나타냈다. 그뿐 아니라 해당 박람회를 주제로 삼은《네이처Nature》의 평론도 300여개가 넘는 산업 분야에서 냉장고가 "필수적인 역할"을 하거나 "제품의 품질을 향상"하는 데 쓰인다며 그 중요성을 인정했다.[59]

그해 박람회에서는 냉각 기기의 쓰임새와 동력원의 종류도 다양하게 소개했다. 그런데 현대인의 관점에서 이 행사를 살펴보면 놀랍게도 뭔가 중요한 것이 빠져 있다. 바로 '가정용' 냉장고다. 실제로 박람회 카탈로그에 수록된 전시품 마흔일곱 개 가운데 가정용 냉장고는 겨우 하나뿐이었다. 하지만 그때 이 작은 냉장고를 두고 주로 오간 이야기는 에너지 산업과 가정용 기기 제조업계의 주요 화두였던 전기와 가스의 경쟁이었다. 가스 공급업자들은 행사에 출품된 가정용 기기가 왜 하필 전기냉장고 하나뿐이냐며 의문을 제기했다.

사실 그곳에서 가정용 냉장고를 찾아보기 어려웠던 데는 다 이유가 있었다. 1934년에 런던에서 냉각기술박람회가 열릴 무렵, 미국에서는 냉장고와 세탁기 등의 가전제품들이 소비자의 눈에 먼저 들기 위해 서로 경쟁하며 일상생활에 실질적인 영향력을 발휘하기 시작했다. 그렇지만 그 밖의 지역에서는 아직 사람들의 관심이 미미한 수준이었다. 유럽만 따져보아도 주방 가전은 결코 주요 소비재라 할 수 없었다. 냉각기술박람회의 카탈로그에서도 본 것처럼 20세기 초에 가정용 냉장고의 미래는 아직 불투명했다. 그때는 그 물건이 이후 인류의 생활에 어떤 영향을 미칠지 누구도 상상하지 못했다.

20세기 초, 뉴욕에서 소녀들이 얼음 포대를 짊어지고 배달하는 모습.

제3장 집으로 들어온 냉장고

1960년경에 미국을 비롯한 세계 각국의 수많은 가정은 매력적인 상품으로 거듭난 가정용 냉장고에 열광했다. 소울 음악의 대가인 레이 찰스Ray Charles는 연인에게 도시 근교로 이사해 프리지데어Frigidaire를 하나 사주겠다고 노래하며 성공의 열망으로 가득한 미국인들의 삶에 일종의 기준점을 세웠다.[1] 노랫말 속에서 연인과 함께 큰 성공을 거둔 그는 곧 역사의 뒤안길로 사라질 얼음 장수의 방문을 거부하고 최신식 전기 냉장고를 택했다. 사실 당시 냉장고의 위상은 단순한 성공의 상징 그 이상이었다. 지난날 값비싼 사치품 대접을 받았던 냉장고는 이제 주방에 없어서는 안 될 필수품처럼 여겨졌다. 프리지데어는 켈비네이터Kelvinator[2]나 일렉트로룩스처럼 누구나 아는 이름이 되었고 마치 포스트잇이 점착 메모지라는 명칭을 대신하듯 냉장고를 뜻하는 대명사가 되었다.

이처럼 1960년대에는 냉장고가 현대 가정에 꼭 필요한 물건이라는 인식이 널리 자리 잡았지만, 40년 전만 해도 이런 성공을 예측하기 어려웠다. 그때도 시중에는 나름대로 냉각 성능이 뛰어난 가정용 냉장고가 나와 있었지만 사람들은 여전히 가격 경쟁력이 높았던 천연 얼음이나 인공 얼음을 배달받아 썼다. 얼음 배달 체계가 잘 잡혀 있던 미국과 영국에서는 얼음 장수가 20세기 중반이 훌쩍 넘어서까지 가정을 방문했다. 이런 배달에는 대개 마차가 쓰였으나 각 가정까지 얼음덩이를 전달하려면 얼음 장수가 직접 자루를 짊어지고 움직이는 수밖에 없었다. 이렇듯 육체노동이 동반된 탓에 배달 비용은 얼음을 현관 앞에 그냥 두고 가는지, 집 안까지 들어가 계단을 오르는지, 혹은 아파트에서 화물용 승강기로 올려 보낸 얼음을 다시 위에서 받아 옮기는지에 따라서 크게 달라졌다.[3]

파티의 주역, 전기 아이스박스

가정에서 식품을 보관하는 방법이 근본적으로 변화한 때는 20세기 초였다. 과연 집에서도 음식물의 온도를 영구적으로 낮게 유지할 수 있을까? 이 물음을 해소하려면 저온 상태를 지속하기 위한 다른 방법을 찾아야 했다. 언젠가 녹아버릴 얼음덩이에 의존하는 아이스박스로는 해결할 수 없는 문제였기 때문이다. 시기상으로도 19세기에 개발된 대규모 냉각 기술을 더 작은 장치에 적용해야 할 때였다. 냉장·냉동된 육류와 생선 등을 중심으로 새롭게 떠오른 저온 유통 시장이 성공을 이어가려면 가정용 냉장고 분야를 개척할 필요가 있었다.

냉장고를 현재 우리가 아는 제품 형태로 만들기란 결코 쉽지 않았다. 냉장고의 원리는 단순하지만 이를 구현하기 위한 기술은 꽤 복잡하다.[4] 가정용 냉장고도 과학 원리 자체는 기존의 대형 냉각 장치와 다르지 않았다. 그러나 집에서 쓰는 물건인 만큼 사용자의 편의성부터 품질에 대한 신뢰성까지 고려해 만들어야 했다. 게다가 일반 소비자의 눈높이를 생각하면 그보다 까다로운 문제가 하나 더 있었다. 당시 각 가정에서 사용하던 아이스박스가 여전히 멀쩡하게 작동한다는 사실이었다. 평범한 소비자들 입장에서는 집에 있는 물건과 비슷한 데다가 이점이 뚜렷하지도 않은 낯선 기계 장치에 굳이 새로 투자할 필요가 없었다.[5] 이런 상황에서 프리지데어사가 1920년대 영국에서 출시한 냉장고에 "전기 아이스박스"라는 별칭을 붙인 것은 결코 우연이 아니다. 전기라는 동력원을 강조한 이유는 분명 기능과 형태가 유사한 재래식 아이스박스형 냉장고들 사이에서 신제품을 돋보이게 하기 위해서였을 것이다.[6] 그 뒤로 소비자들에게 냉장고가 단순히 욕망을 투영한 사치품이 아니라 실생활에 유용한 주방 가전임을 납득시키는 데는 오랜 설득이 필요했다.

20세기 초에 가정용 냉장고 제조사들은 대형 상공업용 기기보다 작은 냉장고를 만들기 위해 기존에 업계에서 통용되던 동력 공급 장치들을 더욱 정교하게 다듬었다. 그중에서 결정적인 사건은 전기 모터(19세기에 등장한 획기적인 기술 중 하나)로 작동하는 냉매 압축기를 가정용 기기에 걸맞게 소형화하는 데 성공한 것이었다. 그리하여 인류는 마침내 증기기관에서 벗어나 전기로 움직이는 가정용 냉장고를 맞이하게 되었다.

가전 분야가 으레 그렇듯이 가정용 냉장고 개발에 가장 앞선 나라는 미국이었다. 1910년부터 1920년 사이에 시장에는 상공업용 기기보다 작아진 가정용 냉장고가 몇 종류 등장했다. 이런 초기 제품들은 고장이 잦거나 소음이 심했고 관리가 번거로운 수랭식水冷式 응축기*를 활용했다. 또 기계를 가동하고 유지 보수하는 데 드는 비용도 만만치 않아서 절대 '좋은 제품'이라고는 볼 수 없었다. 초기 소비 수요가 작았던 만큼 결코 판매 실적이 좋을 수 없는 상황이었지만 1920년대부터 미국·유럽을 비롯한 각지의 산업 디자이너와 기능공 및 제조업체 들은 냉장고 성능을 높일 방법을 찾기 시작했다. 그러면서 내부 조명과 성에 자동 제거 기능 등이 추가되어 냉장고는 한층 더 쓰기 편리하고 가정 친화적인 제품이 되었다. 당시 미국의 한 비평가는 이런 변화를 두고 1910년대와 1920년대의 제조사들이 "온갖 기계적 결함을 극복하고 큰 수요를 창출하는 한편 소비자들의 지갑을 열기 위한 경쟁에서 승리하고자 오랫동안 분투했다"라고 서술했다.[7] 하지만 미국에서도 가

* 고온고압 상태인 냉매 가스의 열을 냉각수로 식혀 액체 상태로 바꾸는 장치다. 공기로 열을 식히는 방식은 공랭식空冷式이라 한다.

정용 냉장고에 대한 반응은 영 미지근했다.[8] 주된 요인 중 하나는 바로 비싼 가격이었다. 공장에서 대량 생산되지 못하고 여전히 많은 인건비를 들여 수작업으로 제작했기 때문이었다. 1913년에 도멜레DOMELRE(가정용 전기냉장고Domestic Electric Refrigerator의 약자)사가 기존의 아이스박스에 전동식 냉각 장치를 장착한 제품의 가격은 그 무렵 판매되던 포드사의 모델 T 자동차보다 두 배 이상 비싼 900달러*에 달했다. 그래서인지 헨리 포드Henry Ford도 이 문제를 지적한 적이 있다.

"요즘은 주방용 가전 기기들이 꽤 나와 있죠. 전기 아이스박스 같은 것 말이에요. 하지만 이런 제품들 대부분은 여전히 너무 비쌉니다."[9]

이에 저널리스트로 명성이 높았던 앨런 섬너Allene Sumner는 "위대한 미국 주부들의 주방에 어떤 문제가 있는지 과감하게 짚어보아야 할 때"라고 언급했다.[10]

시판 초기의 가정용 냉장고에는 문제점이 많았고 생산 관계자들 역시 개선할 필요성을 느꼈다. 장치가 잠시 작동하고 금방 멈추거나 온도가 충분히 내려가지 않아 각 얼음을 만드는 데 실패하기도 했고, 다양한 이유로 라디오 소리가 들리지 않을 만큼 큰 소음이 발생하기까지 했다. 이따금 냉매가 새서 악취가 나고 배관이 얼어붙는 문제도 있었다. 가동 시간

* 오늘날 환율로 2만 3,200~2만 3,500달러, 한화로 약 2,700만 원이다.

이 길어지고 온도가 지나치게 낮아지는 현상이 발생하는 원인은 냉장고 문을 잘못 닫는 것부터 "냉매 과충전"이나 "플로트 밸브 누수"까지 무려 스물다섯 가지에 달했다.[11]

하지만 당시의 냉장고 광고에는 그런 설명이 전혀 없었던 데다 사용자가 겪을 수 있는 불편함도 언급되지 않았다. 냉장고를 가동하는 데 쓰이는 압축기의 소음과 불안정성, 일부 제품에는 수도 배관을 연결해야 한다는 사실, 제품의 크기와 무게, 그리고 두꺼운 단열벽 때문에 내부 저장 공간이 좁다는 단점은 광고에서 전혀 찾아볼 수 없었다. 그런데도 초창기 가정용 냉장고는 염치없게도 값비싸고 신기한 장식품·사치품 대접을 받았다. 기업들은 마케팅 활동으로 이런 인식을 강화하려 애썼고, 광고에서는 파티의 주역이 된 하얀 냉장고와 그 주위로 모여든 신사 숙녀 들의 모습을 보여주기도 했다. 어쩌면 그 냉장고 안에는 어디서도 본 적 없는 특별한 후식이 들었을지도 모르지만, 소비자들은 대개 "샴페인을 차갑게 만들기에 좋다"는 이유로 제품을 샀다.[12] 비평가들은 이런 광고 이미지를 19세기에 고대 로마를 주제로 작품 활동을 전개했던 네덜란드의 화가 로렌스 알마타데마Lawrence Alma-Tadema의 그림과 비교하기도 했다.[13]

GE의 가정용 냉장고 연구와 마케팅 혁신

가정용 냉장고가 막 개발되어 시판되던 시기에는 이 분야로의 진입이 거의 도박이나 다름없었다. 업계 초창기부터 얼마 버티지 못하고 사라지는 기업이 많았고, 살아남았다 하더라도 규모가 더 크고 재정 상태가 좋은 회사에 인수·합병되는 경우가 많았다. 미국 기업인 도멜레의 경우, 패커드 자동차 회사Packard Motor Car Company에 인수되어 이스코Isko로 사명을 바꾸었지만 1922년에 이 회사의 특허를 탐내던 프리지데어로 다시 경영권이 넘어갔다.[14] 냉장고 제조사 가운데는 일반 제조업체나 엔지니어링 회사의 한 분파로 작게 시작해 성공을 거둔 곳도 있었다.[15] 그 예로 현재 영국 최대 규모의 냉장고 제조사인 프레스트콜드Prestcold는 첫 제품을 모기업이었던 프레스드 스틸Pressed Steel 차체 생산 공장의 발코니에서 제작했다.[16] 한 경제분석가는 이 업계가 막 발돋움하던 시절을 되돌아보며 당시의 선구자들이 "냉장고를 만드는 데 쓸 만한 재료란 재료는 모두 활용"하면서 "시행착오를 통해 다양한 아이디어를 떠올리고 발전시켰다"고 이야기했다.[17]

그들은 그 뒤 오랫동안 번영을 누리지만, 처음에는 대량 생산 공정을 도입하고 제품 가격을 낮추기 위해 각고의 노력을 기울여야 했다. 미국 인디애나주 포트웨인 출신으로 가디언 냉장고Guardian Refrigerator를 개발한 앨프리드 멜로우스Alfred Mellowes[18]

는 사업 초반에 냉장고를 "집 뒤뜰의 세탁장"에서 일일이 수작업으로 만들었다.[19] 아니나 다를까, 사업 개시 후 2년간 그가 만든 냉장고는 겨우 마흔 대에 그쳤다. 하지만 제너럴 모터스GM 사장인 윌리엄 듀랜트William Durant가 기업을 인수하면서 가디언 냉장고 회사는 곧 그 유명한 프리지데어로 다시 태어났다. 그리고 1918년에 처음 출시된 프리지데어 냉장고는 단 11년 만에 100만 대를 생산하기에 이르렀다.[20] 디트로이트에 자동차 조립 라인을 여유롭게 갖춘 제너럴 모터스는 냉장고를 대량 생산하기에 매우 적합했다.

냉장고 몸체를 만드는 일은 결국 금속판을 접는다는 점에서 차체를 만드는 것과 크게 다르지 않았다. 차이가 나는 부분은 내부 구조뿐이었다.[21] 이후 20세기 중반에 이르러 냉장고의 대량 생산 작업은 영국과 미국, 그 외의 지역 할 것 없이 같은 방식으로 전개되었다. 우선 얇은 강철판을 "압착기로 구부려 좌우측 외벽과 상판을 만들면" 그 뒤에는 드릴로 곳곳에 구멍을 뚫는 작업이 이어졌다.[22] 형태가 잡힌 냉장고 케이스는 컨베이어 벨트를 타고 여러 공정을 거치다가 그 밖의 부품들과 용접해 하나로 조립되었다. 그런 다음에는 "오버헤드 컨베이어에 매달려" 외부 도장 작업 전에 녹 발생을 방지하기 위한 산세척酸洗滌 과정을 거쳤다.[23] 한편 냉장고 부속품은 일반적으로 한 회사가 여러 제조업체에 같은 제품을 공급하는 일이 많았다. 20세기 중엽에 영국의 냉장고 제조사 중 대다수는 스코틀랜

· 일렉트로룩스의 가정용 가스 흡수식 냉장고. 흡수식 냉장고의 선구 모델로 1927년부터 1935년까지 영국 루턴의 일렉트로룩스 공장에서 생산되었으며 영국 왕실 별장인 샌드링엄 하우스에서 조지 5세George V가 썼던 제품이기도 하다.

·· 1930년경에 일렉트로룩스 냉장고를 근접 촬영한 사진. 내부 구동계 장치들과 문 안쪽에 붙어 있는 사용 지침이 눈에 띈다.

드의 글래스고에 소재한 L. 스턴 유한회사L. Sterne & Co., Ltd.의 밀폐형 압축기를 사용했다.[24]

기업들은 좋은 아이디어를 찾고 특허를 취득하기 위해 발 빠르게 움직였다. 일렉트로룩스는 스웨덴의 공학도인 발트자르 본 플라텐Baltzar von Platen과 칼 문테르스Carl Munters에게서 저소음 가스 흡수식 냉장고의 제조 기술을 사들여 자사의 대표 상품을 만들었다.[25] 두 사람의 발명품은 1923년에 신생기업인 AB 아르크티크AB Arctic에서 처음 생산되었으나 2년 뒤에는 일렉트로룩스에서 'D-프릿지D-fridge'라는 이름으로 상품화되었다. 이 제품은 냉매를 순환시킬 에너지원으로 전기와 가스, 기름을 모두 사용할 수 있었다. 한데 생산 당시에 쓰인 작업명은 싱겁게도 "가정용 일렉트로룩스(암모니아-수소) 냉장고"였다.[26] 한편 일렉트로룩스는 영국에 대량 생산 공정을 도입하는 데 앞장선 기업 중 하나로, 그 대표적인 사례가 영국 루턴에 세운 냉장고 공장이었다.[27] 이후 D-프릿지를 비롯한 저소음 가스 흡수식 냉장고는 영국에서 한동안 인기를 끌었지만 최종적으로는 미국 시장에서와 마찬가지로 전기냉장고에 밀려나고 말았다.

이 과정에서 승기를 잡은 기업 중 하나는 미국의 제너럴 일렉트릭GE이었다. 일찍부터 가정용 냉장고 개발에 뛰어든 이 회사는 프랑스 수도사인 마르셀 오디프렌Marcel Audiffren의 특허 기술을 바탕으로 전기냉장고를 생산했다.[28] 하지만 제품의 연간 판매고는 겨우 몇백 대에 불과했다. 그러다 1920년대 중반에 이

THE SATURDAY EVENING POST

THEY CREATED A NEW *Style Sensation* *in Electric Refrigerators!*

BEAUTY OF DESIGN now complements the refrigerator mechanism famous for its performance record throughout the world.

Seven years ago General Electric introduced the first Monitor Top refrigerator. 15 previous years of research, in the famous General Electric House of Magic, had perfected a matchless mechanism that set a new standard for quiet, dependable, trouble-free refrigeration service at low cost.

MATCHLESS MECHANISM!

In less than five years 1 out of every 3 electric refrigerators in America's homes was a General Electric Monitor Top—according to independent surveys. It became universally recognized as the standard of excellence. Even in the movies you will note a General Electric Monitor Top refrigerator is almost invariably shown when the scene represents a modern kitchen.

Here is the refrigerator with a mechanism that is built for a lifetime, hermetically *sealed* within walls of ageless steel, and requiring no attention from you, not even oiling.

Now, to perfected *and proved* mechanical performance that is unequalled, General Electric adds brilliant beauty and distinguished cabinet styling. The skill and genius of America's foremost designers has been drawn upon, and in these new de luxe models General Electric offers you the aristocrats of all refrigerators. They have created the style sensation of 1934!

There are only two styles of electric refrigerators . . . Monitor Top and flat-top. See them *both* at your General Electric dealer's display room.

DISTINGUISHED STYLE!

In General Electrics you will, of course, find all the modern features: All-steel cabinets, porcelain inside and out. Sliding shelves. Foot pedal door opener. Interior lighting. Control for fast or slow freezing. Stainless steel quick freezing chamber. Automatic defrosting. Removable vegetable compartment.

For your nearest G-E dealer see "Refrigeration Electric" in classified pages of your 'phone book. General Electric Company, Sec. S-42, Appliance Sales Department, Nela Park, Cleveland, Ohio.

Two new de luxe models! Now, distinguished style joins matchless mechanism.

GENERAL ELECTRIC *All-Steel Refrigerator*

1934년 《새터데이 이브닝 포스트*Saturday Evening Post*》에 게재된 제너럴 일렉트릭의 모니터 톱 냉장고 광고.

르러 커다란 전환점을 맞이했다. 가정용 냉장고 분야에 주력하느냐 마느냐를 두고 상황을 분석한 것이다. 이미 연구개발 과정에서 입은 막대한 재정 손실을 감안하면 꽤 용감한 행동이었다. 그때 제너럴 일렉트릭의 냉장고는 아직 대량 생산 방식의 혜택을 받지 못한 채 대부분 수작업으로 비싸게 제작되고 있었다. 경영진은 알렉산더 스티븐슨(당시 제너럴 일렉트릭의 엔지니어링 부문 부사장이었던 프랜시스 프랫Francis Pratt의 비서)을 파견해 가정용 냉장고의 사업성을 조사했다. 스티븐슨은 그 뒤 5개월간 냉장고 전문가와 다른 제조사 관계자 들을 만나 기존의 가정용 냉각 기술을 조사하고 제너럴 일렉트릭이 이 분야에서 틈새 공략이 가능한지, 더 나아가 업계의 선두주자로도 올라설 수 있는지를 탐색했다. 그가 철두철미한 조사 끝에 완성한 보고서(가정용 냉장고를 주제로 한 최초의 기술 보고서)의 분량은 무려 544쪽에 달했다.[29] 거기에는 프리지데어와 글래시퍼사Glacifer Company, 프랑스의 프리고르Frigor, 콜드킹 주식회사Kold King Corporation의 생산품은 물론 자사의 오디프렌 냉장고Audiffren refrigerator까지 포함해 경쟁 제품들을 종합적으로 분석한 기술 자료가 담겨 있었다. 또한 냉매 종류에 따른 냉각 능력(독성과 폭발성도 포함) 비교부터 당시 냉장고와 경쟁하던 아이스박스 제품군의 내부 평균 온도와 얼음이 녹는 속도, 집으로 얼음을 배달하는 비용까지 포함해 가정용 냉장고 및 아이스박스의 성능에 관한 모든 내용이 간추려져 있었다. 보고서를 확인한 제너럴 일렉트릭 측은 오디프렌 냉장고를 토대로 기술력을 계속 향상하고 가정용 냉장고 부문에 한층 힘을 싣기로 했다.

얼마 후 제너럴 일렉트릭은 약 15년에 달하는 냉장고 연구개발의 역사를 기반으로 모니터 톱Monitor Top 냉장고를 출시했다.[30] 이 제품은 제너럴 일렉트릭 수석 엔지니어인 크리스티안 스틴스트루프Christian Steenstrup가 디자인한 것으로, 미적 감각이 돋보이는 하얗고 정갈한 외관과 업계 최초로 도입된 강철제 케이스, 상단에 부착된 특유의 밀폐형 압축기가 특징이었다.[31] 그런데 스틴스트루프가 처음 만든 시제품은 이 책에 소개된 모니터 톱 냉장고의 모습과 조금 달랐다. 아래쪽 네 모서리에 다리가 없어 밑면이 방바닥과 그대로 맞닿는 구조였기 때문이다.

냉장고를 개발하는 데는 많은 시간과 자원이 필요했다. 이 점은 1940년대 후반에 전기냉장고 제조사인 프레스트콜드Prestcold가 어떻게 제품을 만들었는가에서 잘 드러난다. 당시 40여 명으로 구성된 프레스트콜드 기술개발부는 세 분과로 나뉘어 있었다. 첫 번째는 기계공학과 물리학, 수학에 능한 '연구원', 두 번째는 시제품과 실제 생산품을 개발하는 '개발 및 생산 설계원', 그리고 세 번째는 시제품을 직접 만드는 '기능공과 보조 기술자'였다. 그들은 냉장고의 환경 적응 시험을 하기 위해 '모의실험실'을 만들고 '영국의 봄철과 페르시아만의 날씨'를 아우르는 다양한 기후 조건을 재현할 만큼 치밀하게 연구개발을 진행했다. 기술 자문을 맡았던 에릭 로우리지Eric Rowledge

• 존 폴락이 소유한 프레스트콜드 팩어웨이Prestcold Packaway 냉장고 시제품. 냉동칸과 온도 조절계가 눈에 띈다.

는 이런 일련의 과정을 두고 "보기에도 좋고 사용자가 원하는 것을 모두 충족하는 냉장고를 디자인하고 제작하기는 쉽지 않다. 제품의 효율성, 품질의 신뢰성을 갖춰야 하는 것은 물론이고 가격 경쟁력도 지녀야 한다"라고 설명했다.[32] 그는 디자인과 생산 공정이 "길고 지루하지만 또 매력적인 일"이라면서 기획안이 제품화해 시장까지 도달하는 데 평균적으로 2년이 걸린다고 밝혔다. 실제로 이 회사가 1940년대에 출시한 프레스매틱Presmatic 냉장고는 그 기간이 7년에 달했다.[33]

존 폴락John Pollak은 1950년대에 소형 냉장고인 프레스트콜드 팩어웨이 개발에 참여한 베드릭 폴락Bedrich Pollak의 아들이다. 그는 유년기를 보냈던 1950년대 중반에 아버지가 성능 시험을 위해 들여온 냉장고를 지금도 생생하게 기억한다. 그 제품은 어머니가 채워 넣은 우유와 채소를 신선하게 보존하고 그가 사랑해 마지않던 오렌지 맛 빙과를 척척 만들어내며 온 가족을 기쁘게 했다. 그의 아버지는 냉장고의 성능을 살피려고 다음과 같은 작업을 했다고 한다.

> 아버지는 냉장고 안쪽의 네 지점에 온도계를
> 붙여두셨어요. 다섯 번째 온도계는 냉장고 주변
> 온도를 확인하기 위해서 부엌에 설치하셨죠.
> 그리고 이 다섯 개의 온도계를 매일 세 번씩 꾸준히
> 확인하고 공책에 기록하셨어요.[34]

판매 단계에서는 모니터 톱 같은 당대 최고의 제품들도 강력한 전략이 필요했다. 제너럴 일렉트릭은 잠재 고객을 겨냥한 적극적인 마케팅 활동으로 모니터 톱 냉장고의 판매에 크게 힘을 실었다. 제품 출시와 동시에 다양한 광고가 등장했고 설치 방법 및 사용법이 자세히 정리된 설명서와 미국의 저명한 가정학 전문가이자 패니 파머 요리 학교Miss Farmer's School of Cookery 교장이었던 앨리스 브래들리Alice Bradley의 요리책《전기냉장고를 활용한 요리법과 메뉴*Electric Refrigerator Recipes and Menus*》도 선보였다. 제품 상부에 장착된 특유의 돌출형 압축기는 제너럴 일렉트릭의 오랜 기술력이 돋보인 장치였다. 이 압축기는 가정용 냉장고 역사상 최초로 완전 밀폐형 구조를 채택해 기존 제품들보다 관리하기가 훨씬 수월했다.[35] 대중 매체에 게재된 광고는 냉장고 전체가 "강철로 봉합"[36]되어 품질을 신뢰할 수 있으며 "모든 장치가 강철 벽으로 철저히 보호되므로 공기와 먼지, 습기가 침투하지 못한다"라고 소개했다. 또 성능 시험 과정을 언급하며 "모래에 파묻히고, 얼음 속에 갇히고, 물에 빠지고, 불에 달궈져도 제너럴 일렉트릭의 냉장고는 여전히 작동했습니다!"라는 설명도 덧붙였다.[37]

당시 제너럴 일렉트릭이 발행한 영업사원용 상품 편람은 각 냉장고의 특장점을 빠짐없이 수록하고 제품에 따른 최신 기술 정보와 사용상의 편의성을 특히 강조했다.[38] 이 전략은 모니터 톱 냉장고가 베스트셀러 반열에 오르는 데 크게 기여했다.[39] 마

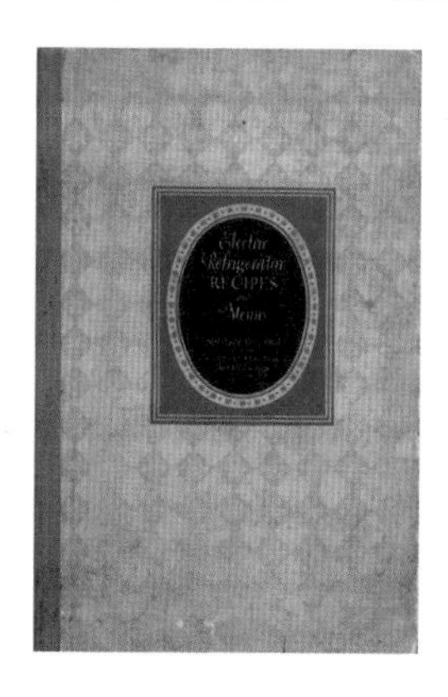

• 제너럴 일렉트릭이 1930년에 낸 모니터 톱 냉장고 광고. 굉장히 튼튼하고 "고장이 없는trouble proof" 제품임을 강조하고 있다.

•• 브래들리의 요리책은 건강과 식품 보존 측면에서 제너럴 일렉트릭의 모니터 톱 냉장고가 주는 이점을 상세하게 소개했다.

케팅의 대가들이 모인 제너럴 일렉트릭은 소비자 지갑을 여는 데 필요한 모든 방법을 동원했다. 그들은 모니터 톱 냉장고를 물이 가득 찬 유리 수조에 넣어 매장 창가에 진열했고 1928년에는 이 제품 한 대를 만화 '믿거나 말거나!' 시리즈의 저자인 로버트 리플리Robert Ripley와 함께 잠수함에 실어 북극으로 보내는가 하면 1931년에는 한 라디오 방송에서 포드에게 100만 번째 생산품을 선물하기도 했다.[40] 이런 과정을 거쳐 모니터 톱 냉장고는 제너럴 일렉트릭의 최고 인기 상품으로 떠올랐고 수시로 소음을 내는 전기냉장고가 미국을 비롯한 여러 나라에서 저소음 가스 흡수식 냉장고를 제치고 오랫동안 성공을 이어가는 데 크게 일조했다. 물론 현재도 가스로 작동하는 흡수식 기기가 쓰이기는 하나(예를 들면 캠핑카에서) 냉장고 사용자 대부분은 전기 제품을 사용한다.

주방을 집 안의 중심으로 만든 냉장고 광고

한편 영국의 얼리 어답터들은 가정용 냉장고가 막 시판되던 무렵 이 신문물을 구매할 의욕을 잃고 말았다. 선택할 수 있는 물건이라고는 크고 무거운 데다가 가격까지 비싼 수입품밖에 없었던 탓이다.[41] 20세기 초 영국의 평범한 주부들에게는 이런 상황이 늘 아리송했다. 냉장고를 살 만한 소득이 있다손 쳐도 신선한 식재료를 집까지 정기적으로 배달받을 수 있는데 굳이 그 큰돈을 써야만 할까? 그뿐 아니라 영국에서는 전력 공급 체계가 표준화되지 않았다는 문제가 있었다. 비록 1933년에 고압 송전망이 완성되기는 했지만 그때도 전선이 연결된 가구는 전국적으로 32퍼센트에 그쳤다.[42] 게다가 전력 공급 작업은 단편적으로 진행되었고 도시 지역에 집중되었다(이런 이유로 초기에는 가스 흡수식 냉장고가 인기를 얻었다). 하지만 부유층의 눈에는 가정용 냉장고 같은 신형 기기들이 오히려 매력적으로 보였다. 제2차 세계대전 이후 하인 계층의 숫자가 줄면서(처음에는 영국보다 미국에서 이 문제가 훨씬 더 심각했다) 편리한 주방 가전을 들이는 것이 당시로서는 일손을 고용하는 데 좋은 유인 요소가 되었기 때문이다.[43]

20세기 초, 전력업계와 가전업계 사이에 공생 관계가 형성되면서 기업들은 크고 작은 가전제품 개발에 뛰어들었다. 영국의 일반 가정에서는 이제 막 전구가 불을 밝히던 시기였지만 관련 업계는 다양한 생활 가전을 개발함으로써 전기 사용량이 적은 시간대에도 전력 수요를 늘릴 수 있으리라 보았다. 곧 여러 회사가 영국 현지에서 가정용 기기를 생산·판매하기 위해 공장을 세우기 시작했다. 스웨덴에 본사를 둔 일렉트로룩스는 1927년부터 영국 루턴에서 가스 흡수식 냉장고를 생산했다.[44] 이와 더불어 영국 기업에서 만드는 냉장고의 숫자도 늘어났다. 1930년대에 BTHBritish Thomson Houston사는 제너럴 일렉트릭

1930년대 영국의 가전 공장에서 직원들이 모니터 톱 냉장고의 압축기를 조립하는 모습.

의 자회사로서 모니터 톱 냉장고를 한창 생산했고 프레스트콜드는 옥스퍼드 인근 지역인 카울리에 가정용 냉장고 공장을 세운 상태였다.[45]

다른 나라에서도 상황은 비슷했다. 일례로 프랑스 파리 근교에서는 1920년대부터 프리지데어 냉장고가 만들어졌고 이후 1961년에는 그곳에서 100만 번째 냉장고가 생산되어 《파리마치Paris Match》에 화물 열차에 실린 제품들 사진과 그 업적을 축하하는 전면 광고가 게재되기도 했다.[46] 일렉트로룩스 역시 프랑스를 비롯한 여러 국가에 공장을 세웠고 오스트레일리아까지 진출한 제너럴 일렉트릭은 그곳에서 1931년부터 모니터 톱 냉장고를 생산했다. 또 전기 설비 개발에 힘쓰던 독일 기업 아에게AEG는 1929년에 창립 이후 처음으로 압축기가 장착된 냉장고를 선보였고 마찬가지로 독일에서 탄생한 보쉬Bosch는 1933년에 자체 개발한 원통형 냉장고를 처음 출시해 1956년 100만 번째 제품을 생산했다.

냉장고는 대중에게도 차츰 낯익은 물건이 되었지만 아직 대량으로 팔리는 상품은 아니었다.[47] 그런 와중에 영국과 유럽 대륙의 소규모 주택에 맞게 디자인된 작고 값싼 양산품들이 등장해 소비자들의 관심을 끌었다. 1932년에 출시된 일렉트로룩스 최초의 공랭식 냉장고 L1은 비교적 저렴한 가격인 19파운드 15실링*에 판매되었다.[48] 이 제품은 크기가 매우 작았다. 용적이 약 28리터, 선반 넓이가 약 0.2제곱미터에 불과하기 때문에 3.4리터짜리 우유 한 통과 버터 몇 덩어리를 넣으면 안이 가득 찼다. 그럼에도 이 냉장고는 큰 인기를 끌며 공동 주택에서 많이 사용되었다. 공간이 넉넉하지 않은 주거 환경에서는 이전에 출시된 덩치 큰 제품들보다 작은 쪽이 설치하기에 더 편했기 때문이다.[49]

1950년대에 들어서도 영국과 유럽 대륙에서 냉장고는 여전히 고소득 가정의 향유물이자 일종의 "신분의 상징"처럼 통했다.[50] 이런 상황에서 제품 판매를 좌우한 것은 구매자들의 수입이었지만 마케팅 영향도 간과할 수는 없었다. 그 무렵 냉장고는 여러 매체와 광고에서 가격 대비 효율이 높고 현대적으로 디자인된 주택과 주방에 적합한 노동 절약형 가전으로 묘사되었다. 가전업체들은 홍보 단계에서 무엇보다도 선망의 대상, 새로움 등의 이미지를 부각했다. 다만 품질과 기술면에서는 참신함보다 전통성을 강조하기도 했다.[51]

가정용 냉장고가 처음 등장했을 때 참신함은 진귀하고 호화로운 이미지와 동일시되었다. 하지만 이후의 마케팅 전략은 다른 방향에서 냉장고의 새로운 면모를 내보이는 쪽으로 변화했다. 새롭게 디자인된 주방에 걸맞은 신기술의 결정체이자 먹거리와 건강을 안전하게 지켜주고 새로운 유형의 음식과 요리법을 창조하는 도구로 냉장고를 조명한 것이다.

* 오늘날 환율로 약 1,800달러, 한화로 약 214만 원.

많은 기업이 신제품 홍보에 거액을 투자했고 1940년대 미국《마케팅 저널*Journal of Marketing*》에 실린 글에서도 잘 드러나듯이 냉장고 판매업자들은 소비자의 구매욕을 자극하기 위해 적극적인 영업 활동을 전개했다. 해당 기사는 제2차 세계대전이 한창 진행되던 시기에 냉장고 판매량을 유지하는 방법을 거론하면서 잠재 구매자들을 "곧 걷어낼 크림층"에 비유하고 이들을 "직접 공략하는 전략"이 판매 증진에 도움이 되리라고 예상했다.[52]

그즈음에는 각종 무역박람회와 전시회, 제품 판매처, 문학 작품, 정부 기관과 전기 및 가스 회사를 비롯한 이익 단체들의 보고서와 광고 등을 통해 냉장고가 곧 "가정과 현대 사회를 진보시키는 힘"이라는 관념이 널리 퍼지고 있었다. 냉장고가 처음 등장했을 때는 "나름대로 유용하지만 있어도 그만 없어도 그만인 물건"으로 통했으나 나중에는 주부들의 수고를 최소화하도록 설계된 현대식 주방에 없어서는 안 될 가전제품으로 다뤄졌다.

영국에서는 여러 제조사와 정부 부처, 업계를 대표하는 이익 단체들(영국가스위원회와 영국전기개발협회 등) 그리고 소비자 단체(여성을위한전기협회와 소비자 연맹지인《위치?*Which?*》 등)가 전부 나서서 냉장고의 미덕을 알리기에 이르렀다. 가령 영국전기개발협회의 경우, 1929년에 가정에서의 배선 작업 방법이나 "오븐 레인지와 냉장고, 세탁용 보일러 및 기타 소형 생활가전을 동

• 1933년 한 여성이 가족용 일렉트로룩스 냉장고 사용법을 시연하는 모습. 이와 같은 소형 냉장고는 면적이 좁은 영국식 주택에 들이기에 더 용이했고 제품 구매 비용과 유지비도 비교적 적게 들었다.

•• 1929년에 영국전기개발협회가 간행한 책자 속 삽화로, 전기 공급 설비가 완비된 주방을 묘사했다. 오븐 레인지는 벽면에 매립한 전선과 연결된 상태고 냉장고 및 기타 가전제품에 전원을 공급하는 콘센트는 별도로 표시되어 있다.

시에 사용할 수 있는 현대식 주방"을 소개한 안내 책자《당신이 바라는 집The House You Want》에서 그 목적을 명확히 드러냈다.[53] 그런가 하면《굿 하우스키핑Good Housekeeping》은 주방을 "집안일의 중심이자 가족의 식사를 준비하는 실험실"로 묘사하기도 했다.[54]

이러한 사회 분위기는 광고에도 그대로 반영되어 합리적으로 설계된 주방, 현대적인 생산품, 혁신적인 가전 기기처럼 마치 공장을 연상시키는 표현이 수시로 지면에 등장했다. 당시는 위생성을 강조한 백색 마감재와 다양한 신형 도료 및 미끈한 유선형 디자인이 부상하던 시기로, 현대적인 조형미 역시 마케팅에서 큰 비중을 차지했다. 제2차 세계대전 이후 영국 디자인 부문의 발전을 이끌었던 산업디자인위원회 역시 이러한 흐름에 발맞추어 현대적인 개방형 주택 구조를 수용하고 그간 별도의 공간으로 분리되어 있던 주방을 실내로 들여놓았다.[55] 그러나 응접실parlour의 종말을 고대하던 대다수 산업 디자이너나 건축가 들과 다르게 대중은 현대식 주거 공간으로의 이주를 열렬히 바라지는 않았다. 집 뒤편에 부엌을 두고 앞쪽에 특수 용도로 작은 거실(응접실)을 둔 영국 전통 가옥의 배치 형태는 20세기가 시작되고도 한참 동안 인기를 끌었다. 랭커셔 지방의 한 주민은 옛 기억을 떠올리며 말했다.

"옛날에 응접실이 있다는 건 꽤 사는 집이라는 뜻이었죠. 부엌에서 내내 살다시피 하다가 응접실에 가보면 그렇게 좋은 데

가 또 없었어요. 그곳은 일요일에 손님이 오거나 결혼식·장례식·생일처럼 특별한 행사가 있을 때만 쓰였죠."[56]

그럼에도 공장처럼 효율적인 가정생활을 강조한 마케팅 기조는 20세기 초에 처음 등장한 이래 꽤 오랫동안 지속되었다. 프레스트콜드는 1960년에 현대식 주방 디자인의 참 목적, 즉 주부들을 편리하게 돕는다는 기본 개념에 충실하게 냉장고 판촉 활동을 전개했다.

"주방용 기기는 부엌일이 더 쉬워지도록 디자인해야 합니다. 마치 공장의 구조가 작업자들의 피로를 최소화하도록 배치된 것처럼 말이죠."[57]

프랑스 냉장고 제조사인 프리제아비아Frigéavia는 《파리마치*Paris Match*》에 당시 프랑스의 기술력을 상징하는 콩코드 여객기와 신형 냉장고 모습을 함께 담은 광고를 냈다. 거기에는 "가전제품을 위한 항공 기술"이라는 문구가 붙어 있었다.[58] 미래지향적인 이미지를 강조했던 그 시절의 광고들은 구형 모델의 개선 작업과 신제품 개발에 매진하던 수많은 과학자와 산업 디자이너를 조명하기도 했다. 이런 광고가 전하는 메시지에는 누구도 섣불리 이견을 달기 어려웠다.

"이제는 집안일도 다른 모든 것과 마찬가지로 기계화 시대에 접어들었음을 인정해야 합니다."[59]

최신 기술이 적용된 고가의 냉장고들은 세계 각지의 무역박람회장으로 진격했다. 20세기 중엽에 프레스트콜드의 '냉장고 군단'은 수많은 전시장을 오가며 제2차 세계대전 당시 영국군 지휘관이었던 버나드 로 몽고메리Bernard Law Montgomery 장군을 방불케 하는 '다채로운 전술'을 펼쳤다. 프레스트콜드는 일명 '날아다니는 전시실flying showroom'이라는 비행기를 보유했던 영국의 LEC사[60]와 마찬가지로 전용기를 마련해 영업사원들을 세계 곳곳으로 날랐다. 그러는 동시에 세계로 뻗어나가는 자사 냉장고의 모습을 상품 홍보 책자에 실었다. 프레스트콜드 냉장고는 튀니스의 부둣가 하역장에 줄지어 서기도 했고, 손수레에 실려 페루의 어딘가로 배달되는가 하면, 오스트레일리아에서는 화물차에 실려 기나긴 거리를 이동하기도 했다.

한편 1930년대 후반에 《일렉트리컬 트레이딩*Electrical Trading*》이 발행한 한 기사에 의하면, 당시 가전제품 영업사원들은 구매자에게 가전제품을 처음 사는지, 주방에 전기 배선은 다 갖추었는지, 다른 주방 가전을 들일 의사가 있는지 등을 꼭 확인한 뒤에 판매를 진행했다고 한다. 무슨 이유에서였을까? 그들의 경험상, 보통 주부들은 기기 하나를 들이면 곧 다른 물건까지 더 좋은 것으로 바꾸길 원하고 심지어는 주방 전체를 다시 꾸미고 싶어 했기 때문이었다. 거기에 《일렉트리컬 트레이딩》은 어떤 지역의 인테리어 시공업자가 영업사원의 뒤를 "마치 개의 꽁무니에 달린 꼬리마냥 졸졸 따라다녔다"면서 "그 꼬리는 매우 기분 좋은 듯 요동치고 있었다"는 설명을 덧붙였다.[61] 이 기사는 매장에서 제품 성능을 직접 시연하며 고객을 응대하는 영업사원이 주방 가전 세트를 팔기에 가장 좋은 위치에 있다고 결론 내렸다.

선망을 품은 지극히 현대적인 색깔과 이름

1950년대부터는 상품의 이미지와 심미적 특성까지 냉장고 마케팅에 활용되었다. 기업들은 그렇게 차츰 스타일을 팔고 색깔을 팔고 상품이 지닌 매력과 이름, 이미지를 팔았다. 지금도 프리지데어라는 이름이 프랑스와 스페인, 미국 등지에서 냉장고라는 일반 명사처럼 통용된다는 사실은 이 기업의 브랜드 마케팅이 얼마나 성공적이었는가를 잘 보여준다.[62]

그 시기부터 냉장고는 다양한 유행색을 입고 시판되었다. 주방과 색깔을 맞춘 가전제품이 차츰 인기를 얻기 시작했는데, 이는 폴리에틸렌·나일론 등을 이용한 합성수지 도료가 다양하게 개발되어 더 값싸고 편리하게 도장 작업이 이루어진 덕분이었다. 화학제품을 만드는 듀폰DuPont사는 제너럴 일렉트릭과 켈비네이터, 노르제Norge, 콜드스폿Coldspot*, 웨스팅하우스Westinghouse 같은 미국 유수의 냉장고 제조사에 마감재인 듀코 듀럭스Duco-Dulux 에나멜페인트를 공급했다. 듀폰이 1961년에 낸 《가전제

* 시어스로벅Sears Roebuck사의 하위 브랜드로, 냉장고·제습기·에어컨 등을 생산했으나 1976년에 모기업의 켄모어Kenmore 브랜드로 통합되었다.

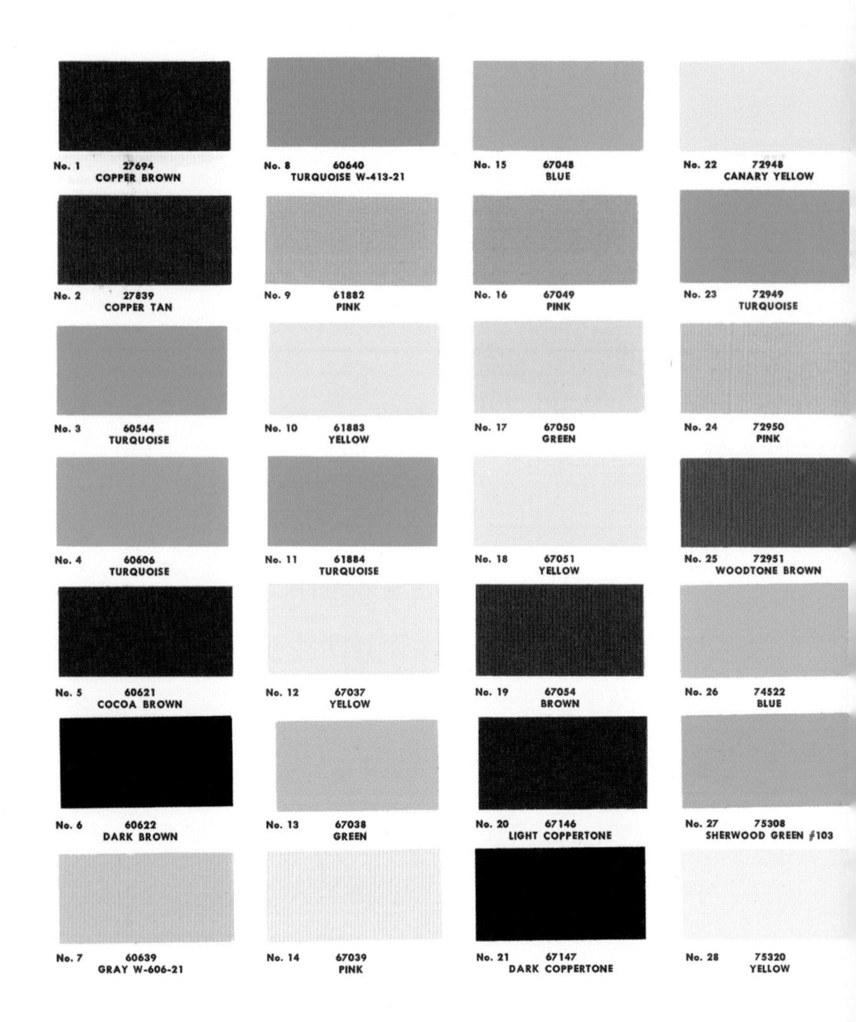

• 1961년에 간행된 듀폰의 듀코 듀럭스 색조 편람. 프리지데어는 27번 색상을 '서우드 그린'이라는 이름 그대로 자사 제품에 적용했다. 일부 색상은 냉장고 제조사에 따라 다른 이름으로 쓰이기도 했다.

NOW! THE SIZE YOU NEED
IN THE COLOUR YOU LIKE
FOR AS LITTLE AS 66 GNS!

This new 4.3 cu. ft. "Family" Frigidaire is ready to brighten your life with all the lively new colours you see here. Nothing smaller than this "Family" model is big enough. Big enough to hold all the food that should be kept fresh for the family, yet small enough to fit into any kitchen.

Match — and *glorify* — your kitchen colour scheme with a new Frigidaire in Snowy White, Cotswold Cream, Sherwood Green, Stratford Yellow, Olympic Red or Everest Blue! And remember, Frigidaire's exclusive "Meter-Miser" power unit cuts operating costs to the bone — actually uses less current than an ordinary light bulb!

FREE! Write today (address below) for free illustrated literature that gives all the facts about Frigidaire and the exclusive "Meter-Miser" power unit (backed by 5-Year Warranty).

MADE IN BRITAIN BY FRIGIDAIRE DIVISION OF GENERAL

124

• 셔우드 그린과 올림픽 레드 등 다채로운 배색을 강조한 프리지데어 광고.

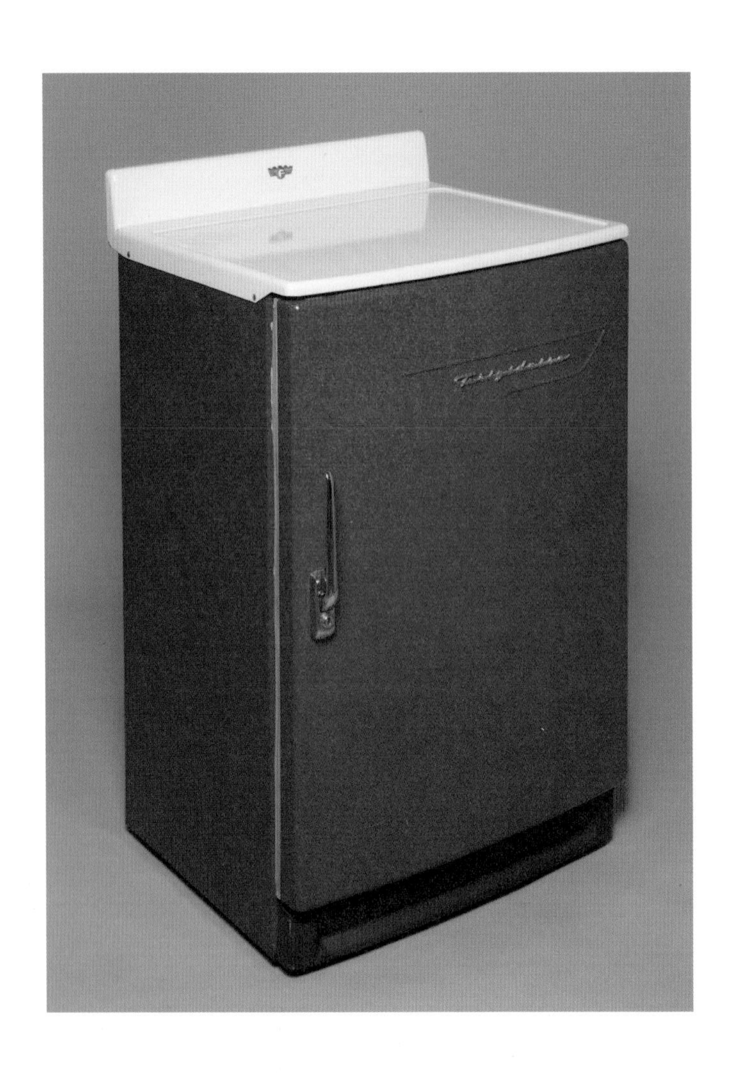

• 1952년경 출시된 프리지데어 전기냉장고 DT 44A. 올림픽 레드 색상과 제품 상단의 금장 로고가 두드러진다. 사진 속의 냉장고는 역사학자인 맥신 버그Mcxine Berg의 소장품으로, 프리지데어의 영국 공장에서 생산되었다.

품 색조 편람Appliance Color Bulletin》에는 그 시기에 유행했던 파스텔색, 그중에서도 특히 연분홍과 엷은 노랑, 청록 계통의 색상이 많이 담겼다. 그런데 냉장고 제조사 가운데 일부는 이 색상표에 수록된 색깔에 다른 이름을 붙여 쓰기도 했다. 듀폰 색상표의 28번을 프리지데어는 '서니 옐로'라는 이름으로, 필코Philco는 표에 실린 이름 그대로 '옐로'로 썼다.

잠재 고객을 겨냥한 상품 안내서와 광고를 통해 색깔에는 더욱 특별하고 새로운 이름과 의미, 이미지가 붙었다. 프리지데어는 한 광고에서 신제품을 새로운 "가족"으로 묘사하며 그 냉장고가 "당신의 삶을 화사하게 만들고" 주방의 색을 "아름답게 꾸밀 것"이라고 소개했다. 이 제품을 원하는 소비자는 "스노위 화이트, 코츠월드 크림, 셔우드 그린(듀폰 색상표 27번), 스트랫퍼드 옐로, 올림픽 레드, 에베레스트 블루" 중에서 한 가지 색깔을 선택할 수 있었다. 이러한 색상명은 1948년도 런던 올림픽 대회와 세계 최초의 에베레스트산 등정처럼 그 무렵 영국이 달성한 업적을 반영한 것이었다. 프리지데어는 이런 독특한 이름이 금빛으로 반짝이는 회사 로고와 더불어 제품의 매력을 한층 돋보이게 한다고 광고했다.[63]

변덕스럽게 바뀌는 유행은 냉장고 마감재에도 영향을 미쳤다. 시간을 훌쩍 건너뛰어 1970~80년대를 살펴보면, 그 시기에는 "사펠리 무늬목"을 씌운 트리시티Tricity 냉장고나 "구릿빛 외장재와 반짝이는 장식"이 "아름답게 가미"된 일렉트로룩스 냉

표면을 사펠리 무늬목으로 장식한 이 트리시티 냉장고는 목재 가구를 떠올리게 한다. 이런 디자인은 주방 공간이 부족하거나 집 안 다른 곳에 냉장고를 두고 싶은 소비자들을 겨냥한 것이었다.

장고가 상당한 인기를 끌었다. 최신 유행 상품임을 강조하고 싶었던 기업들은 당시 큰 인기를 끈 페리에 탄산수를 냉장고 안에 잔뜩 진열해 광고 이미지로 내보내기도 했다.

경쟁이 치열했던 냉장고 시장에서는 상품명도 중요했다. 기업들은 제품의 효용성을 암시하거나 판매 지역에서 잘 먹힐 만한 이름을 채택했다. 실제로 프랑스의 프리제아비아사가 출시한 브르타뉴Bretagne는 모국에서 큰 반향을 일으켰고 디어네Diener사의 샤모니Chamonix, 므제브Megève, 퐁트 로미우Font-Romeu, 쉬페바녜르Superbagnères(모두 프랑스와 접한 알프스산맥 및 피레네산맥의 도시 이름을 딴 것)의 의미와 상징성은 굳이 말할 필요도 없었다.[64]
소비자들 입장에서도 제품 모델 번호보다는 참신한 이름을 제시하는 회사의 신제품을 기억하기에 더 쉬웠을 것이다. 그래서인지 프랑스의 프리제코Frigéco사도 모국어 발음과는 거리가 먼 윈저Windsor와 코모도어Commodore라는 이름으로 신제품을 출시하며 이를 "두 개의 새 이름, 두 가지 신제품"이라고 광고하기도 했다.[65]

일부 제조사는 단순히 상품명과 색깔을 활용하는 수준을 넘어 색다른 판촉 전략을 쓰기도 했다. 그중에는 작은 냉장고 모형 저금통을 나누어주고 저축을 장려하는 방법이 있었다. 프리제코는 이런 판촉물을 가족 공용 저금통이나 아이들의 장난감으로 홍보하며 다음과 같은 광고 문구를 내걸었다.

• 프레스트콜드의 냉장고 모형 저금통. 소비자들에게 새 냉장고 구매를 위한 저축을 장려할 목적으로 고안된 마케팅 도구다. 오늘날 모니터 톱 저금통은 수집가들 사이에서 인기가 높다.

> 여러분의 가족 가운데 누군가가 매일 1신新* 프랑을
> 저금하면 35일 뒤에는 여러분의 꿈인 프리제코
> 냉장고를 가질 수 있습니다.[66]

프리지데어는 1957년에 임페리얼Imperial로 이름 붙인 주방 가전 세트를 출시하며 다채로운 마케팅 활동을 펼쳤다. 당시 발간된 신제품 홍보 책자에는 새로운 '유행색'을 입은 신형 가전 제품들과 넓고 쾌적한 주방에서 두 팔을 활짝 펼친 채 밝게 웃는 주부의 모습이 실려 있었다.[67]

프리지데어는 주방 가전 판매업자들의 판촉 활동을 격려하는 홍보 영상도 제작했다. 이 영상은 임페리얼 시리즈의 "지극히 현대적"이고 "전율적"인 디자인과 특유의 각진 스타일, 이른바 시어룩Sheer Look**을 환영하는 팡파르 소리로 시작했다. 광고 속의 내레이션은 각 제품이 "자기 자리에 잘 녹아든 채 진귀한 보석 같은 아름다움을 드러내었다"면서 여성들이 "원하고 요구하는 것"을 실현해낸 동시에 "다채로운 색깔로 주방에 활력을 불어넣었다"고 평가했다.[68] 냉장고 판매상들은 이런 흐름에 발맞춰 제품 색깔과 똑같이 색을 입힌 꽃씨를 손님들

* 화폐 개혁이 일어난 1960년부터 사용된 프랑스의 화폐로, 1신 프랑은 100구舊 프랑에 해당한다. 2002년에 프랑스의 법정 통화가 유로로 바뀌어 현재는 사용되지 않는다.

** 프리지데어가 도입한 날렵하고 각진 디자인을 표현한 용어. 패션업계의 유행 스타일인 시어룩과 표기는 같으나 의미하는 바는 다르다.

에게 사은품으로 나누어주기도 했다. 한편 같은 시기에 프레스트콜드는 광고에서 "현대 주부들"이 "옷뿐 아니라 집에도 패션의 규칙을 적용하고 있다"는 메시지를 전달했다.[69]

이렇듯 주방 가전 광고들이 온갖 미사여구를 동원하며 유행과 스타일을 강조했지만, 결국 그 핵심은 색깔과 이름이었다. 이는 무엇보다도 가정주부들의 관심을 끌어야 한다는 이유가 컸다. 어떤 가정에서든 냉장고를 주로 이용하는 대상은 여성이었기에 기업들 입장에서는 이 낯선 기계가 그들의 생활 방식과 주거 공간에 잘 어울리고 또 보탬이 된다는 인식을 심는 것이 중요했다.

여기서 한 가지 재미있는 사실은 서구사회가 경제 호황기를 맞이한 1950~60년대에 주방 가전을 구입한 세대의 숫자가 이웃 주민들의 제품 구매에 크게 영향을 받았다는 점이다. 그 시기에는 가정주부나 가족 들이 이웃을 주방으로 초대하는 경우가 점점 많아졌다.[70] 그러면서 가전제품의 색깔과 스타일, 디자인은 손님에게 차와 먹거리를 대접하는 데 필요한 냉장고의 기본적인 기능만큼이나 중요시되었다. 그 밖에 냉장고 마케팅에서 기능과 효용성, 위생과 건강 문제보다 스타일이나 디자인의 비중이 커진 또 다른 이유는 1960년대 들어 냉장고가 많은 소비자의 뇌리에 가정 필수품으로 확실히 자리를 잡았다는 것이다.[71] 실제로 냉장고는 그 시절 전 세계 신혼부부들의 혼수품 목록에서 늘 빠지지 않는 인기 상품이었다.

그렇게 냉장고가 신기한 장식품 취급에서 벗어나 우리 일상 속의 보편적인 생활 도구로 굳어지면서 광고가 제품의 참신한 특징과 색깔, 스타일을 점점 더 강조하게 되었다는 사실은 그야말로 아이러니다.

제4장 꿈의 주방

20세기 초에 만든 냉장고 광고 책자를 넘기다 보면 새삼 이런 생각이 든다.

'요새는 집에 냉장고 들일 공간이 참 넉넉한 편이구나.'

한데 공간이 넉넉하다는 점은 그 옛날, 얼마 되지 않았던 얼리 어답터들도 마찬가지였던 것 같다. 다음에 이어지는 글은 1919년에 미국에서 발행된 잡지《하우스 앤드 가든》에서 발췌한 것으로, 부유한 가문의 안주인과 그녀가 막 구매한 냉장고의 관계를 재미있게 그려냈다.

> 그녀는 벨을 울려 집사를 불렀다.
>
> "윌슨, 주방장한테 가서 건축가가 우리 집에 어떤 냉장고를 놓기로 했는지 한번 물어봐주세요."
>
> "네, 분부대로 하겠습니다."
>
> 그는 대답을 마치자마자 주방으로 향했다.
>
> 지금까지 이 저택의 여주인은 집사를 보내 차고에 있는 자동차 종류를 확인해본 적이 없다. 단 한 번도!

그녀도 자기 차인 롤스로이스가 포드나 다른
자동차와는 다르다는 것을 알았으니까.
하지만 냉장고에 관해서는 아무것도 몰랐다.
평화냐 전쟁이냐, 각국의 경제 구조는 전적으로
식량을 보존하는 데 달린 바이니…….
세련된 도자기 빛깔의 냉장고는 의심할 여지없이
오늘날 가정생활을 지탱하는 주춧돌이라 하겠다.'

이 이야기의 주인공 같은 부자들에게 냉장고는 롤스로이스와 '호화로운' 생활에 어울리는 신분의 상징이었다. 냉장고는 가진 자의 부와 우아한 삶을 증명하는 자랑거리로서 아랫사람들에게 관리를 맡기면 그만인 물건이었다. 그러나 현실적으로 대다수 사람에게는 집에서 이 기계를 들일 자리를 찾기가 잡지나 광고에서 말하는 것만큼 간단하지 않았다. 물리적인 공간도 문제지만 실생활에 맞는 물건인가도 중요했다. 소비자 입장에서는 집에 냉장고를 둘 곳이 있는지, 이 물건이 일상생활에서 쓸모가 있는지를 모두 파악해야 했다.

대부분의 신기술이 그렇듯이 냉장고 역시 아무것도 없는 빈 공간이 아니라 일정한 구조와 기능을 갖추고 변화를 거듭하던 주거 환경에 발을 들였다. 그리고 다른 가전제품과 온갖 도구, 가구 틈에서 사용자의 관심과 공간을 차지하기 위해 경쟁해야만 했다. 음식물을 보관하는 공간은 좁지만 두꺼운 단열벽 때문에 덩치가 상당했던 초창기 가정용 냉장고가 특히 심한 경쟁에 내몰렸다. 앞서 인용문에 등장했던 저택 안주인의 냉장고는 분명 크고 극도로 무거운 데다가 별도의 수랭식 응축기가 연결된 장치였을 것이다. 그런 기기를 설치하려면 솜씨 좋은 건축가가 필요했을 테고 관리하는 데도 많은 기술과 노력이 들었을 것이다.[2] 1925년에 제너럴 일렉트릭은 냉장고 사업 초기에 생산한 오디프렌 전기냉장고(생산 당시에는 시장에서 가장 신뢰받았던 제품이다)에 관해 자평하면서 "넓은 공간이 필요했고 무지막지한 무게와 분리형 응축기 때문에 설치가 너무 까다로웠던 탓에" 실제로 일반 가정에 들어간 제품은 거의 없었다고 밝혔다.[3] 이후 일체형 구조로 다시 설계된 냉장고는 이런 제약에서 벗어나 마침내 주방으로 들어오게 되었다. 여기서 한 가지 놀라운 사실은 냉장고의 진입으로 인해 주택의 내부 구조가 변하고 공간의 활용 방식까지 180도 바뀌었다는 점이다. 이전보다 작고 가벼워진 냉장고를 난방이 가능한 공간에 들이면서 "한때 이 기계가 차지했던 춥고 접근이 불편한 출입구 옆의 골방이나 현관 통로"는 서서히 자취를 감추었다.[4]

가정용 냉장고는 과거의 아이스박스처럼 일체형 구조로 바뀌면서 외형과 크기에서 큰 변화를 맞이했다. 점차 제품마다 다른 스타일과 균형미를 갖추게 되었는데 여기에는 사용자가 냉장고를 주방 안팎에 원하는 대로 배치할 수 있다는 점이 어느 정도 영향을 미쳤다.[5] 1930년대 들어 냉장고는 유선형 디자인과 현대적이고 위생적인 이미지로 영향력을 넓히던 백색 가전 white goods에 포함되었지만, 일부 초기 제품에는 여전히 구시대의 흔적이 짙게 남아 있었다. 그런 상황에서 제너럴 일렉트릭·프리지데어·시어스로벅 등의 제조사들은 1920년대 후반부터 당대 최고의 산업 디자이너들과 합작해 참신하고 정갈한 유선형 가전 디자인을 시장에 도입하려 했다.[6] 그중 가장 먼저 개선된 것은 미국 소비자들의 구매 희망 순위에서 자동차 다음으로 인기가 높았던 냉장고였다. 냉장고를 다시 디자인하는 데 앞장선 기업은 역시나 제너럴 일렉트릭이었다.

제너럴 일렉트릭은 처음에 산업 디자이너인 노먼 벨 게디스 Norman Bel Geddes*와 접촉했으나 최종적으로는 헨리 드리퍼스 Henry Dreyfuss**와 손을 잡았다. 드리퍼스는 1935년에 제너럴 일렉트릭 소속 디자이너 및 기술자 들과의 긴밀한 협력 작업으로 냉장고를 재디자인했다. 그러면서 기존 제품에 늘 붙어 있던 특유의 '구부러진 다리'가 사라졌고 밖으로 드러났던 압축기가 본체 안으로 들어갔다. 이런 과정을 거쳐 1936년에 출시된 냉장고에는 당시 인기가 높았던 유선형 디자인이 반영되었다.[7] 한편

* 미국의 무대장치 디자이너이자 1세대 산업 디자이너로, 1932년 저서 《호라이즌 *Horizon*》에서 유선형 디자인의 중요성과 유행을 예측했다.

** 미국의 1세대 산업 디자이너로, 인체공학적인 디자인을 중시했다. 게디스 밑에서 무대장치 디자인을 배운 뒤 산업 디자인 분야로 진입했으며 1955년에 그가 쓴 《사용자를 위한 디자인 *Designing for People*》은 특유의 디자인 철학이 잘 담긴 명저로 평가받고 있다.

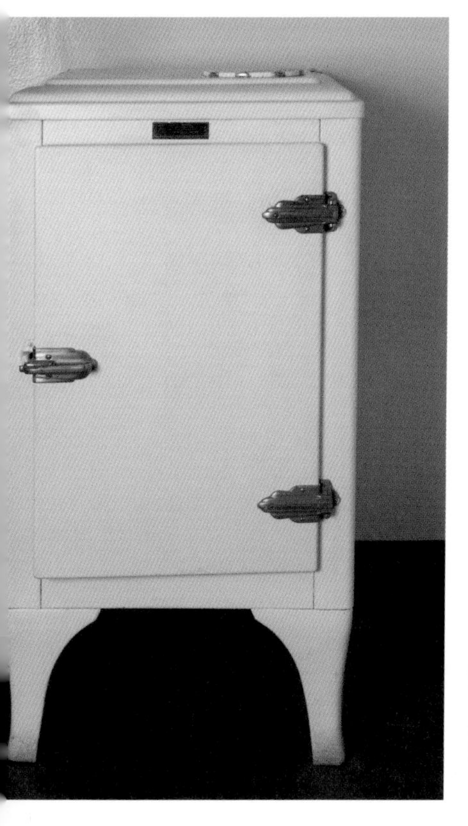

• 1930년에 출시된 이 일렉트로룩스 제품처럼 초창기 냉장고는 대개 묵직한 철제 경첩과 잠금쇠, 나무나 금속으로 된 케이스, '앤 여왕 시절'의 가구 스타일을 따른 굽은 다리를 장착했다. 이러한 모양새는 튼튼한 전통 가구나 냉장고 등장 이전의 아이스박스 같은 인상을 풍겼다.

•• 주택 현관문 밖에 설치된 냉장고의 이미지로, 1931년도 프리지데어 상품 카탈로그에 실렸다.

또 다른 유명 디자이너인 레이먼드 로위Raymond Loewy*는 1935년에 시장에서 큰 인기를 끌었던 콜드스폿 냉장고(최초 출시년도는 1928년)를 재디자인했다. 모기업인 시어스로벅의 제품 디자이너 허먼 프라이스Herman Price와 새로 만든 합작품에는 가정용 냉장고 역사상 최초로 알루미늄 선반을 포함했다. 이후 로위의 디자인 팀은 1936년부터 1938년까지 매년 신제품을 출시하며 주방 가전도 더 세련된 스타일로 진화할 수 있음을 보여주었다.[8] 또한 로위는 자신의 분야에서 더욱 발을 넓혀 에어 프랑스의 콩코드 여객기 실내 디자인을 맡고(1975) 나사의 우주 실험실인 스카이랩Skylab의 내부 구조가 우주 비행사들이 생활하는 데 적합한지 검토하기도 했다.[9]

아름다움을 평가하는 기준에는 여러 가지가 있지만, 냉장고 디자인에서는 단연코 스타일이 중요했다. 업계 관계자들에 따르면 그 무렵부터 여성들이 새로운 냉장고를 보며 이런 말을 하기 시작했다고 한다.

"이걸 주방에 들여야겠어요. 생긴 게 무척 마음에 들어요."[10]

콜드스폿 브랜드는 "이 제품의 아름다움을 연구해보세요"라는 광고 문구로 로위의 디자인에 찬사를 보냈다.[11] 당시 할리우드 영화에는 최신식 주방이 적잖이 등장했다. 1920~30년

* 프랑스 파리 출신의 미국 1세대 산업 디자이너로, 기존 디자인을 재해석하는 데 능했다. 석유 회사인 쉘과 엑슨, BP의 로고 및 스튜드베이커 자동차를 디자인하고 코카콜라 자판기와 병을 재디자인한 것으로 유명하다.

대의 영화 팬들은 화면으로 주방 한편에서 하얀 광택을 뽐내는 세련된 냉장고를 똑똑히 확인할 수 있었다. 그중에서도 제너럴 일렉트릭의 모니터 톱 냉장고가 특히 자주 눈에 띄었다. 앨프리드 히치콕Alfred Hitchcock 감독의 1935년도 작품인 〈39 계단The 39 Steps〉이 좋은 예로, 모니터 톱은 주인공인 로버트 도낫의 집에서 모습을 비쳤다. 또 이 냉장고는 1936년에 개봉한 영화 〈마이 맨 갓프리My Man Godfrey〉에도 나왔다. 캐럴 롬바드Carole Lombard가 부유한 사교계 명사로, 윌리엄 파웰William Powell이 그녀의 새로운 집사로 출연한 이 작품에서 파웰은 하녀가 지켜보는 가운데 모니터 톱 냉장고에서 꺼낸 토마토 주스를 주인의 방으로 날랐다.

하지만 소비자들은 영화 속에 비친 이상과 현실의 차이를 깨닫고 최대한 실용적인 관점에서 각자의 주방을 바라보았다. 20세기 중엽에 열린 각종 주방용품 전시회는 냉장고를 중심으로 주부들의 꿈과도 같은 신형 가전 기기들을 선보이며 깨끗하고 밝은 부엌의 이미지를 구현했다. 그러나 그런 주방은 전시회 방문객들의 실제 삶과 너무나 동떨어져 있었다. 맵시 있게 디자인된 가전제품이나 반들반들 윤이 나는 부엌장은 그들 입장에서 사서 쓰기도 어려웠고 실용적이지도 않았다. 실제로 1930년대에 작은 이층집에 살았던 한 영국 가정은 "집에 전기가 들어오지도 않았고 가스레인지도 없었으며 요리를 위한 화덕이 하나 있을 뿐"이었다.[12] 1940~50년대에 영국의 사회 조사 기관인 매스 옵저베이션은 일반 가정을 탐방한 자료에서 그처럼 새하얗고 말끔한 주방이란 공상에 불과하다고 결론 내렸다.[13] 한 조사원은 가스냉장고를 보유한 광부 가정에서 새로 들인 백색 부엌장을 두고 "물건이 저런 상태로 오래 가지 못할 것"이라고 보았고 또 다른 조사원은 "보통 광부들이 저런 물건을 가지려면 40년은 더 지나야 가능할 것"이라고 평했다.[14]

미국의 주택, 특히 20세기 초에 크게 성장한 도시 근교의 주택은 큰 냉장고를 들일 수 있을 만큼 넓었다. 그보다 오래된 구형 가옥에는 직접 생산한 먹거리나 옷감 따위를 장기간 보관하는 저장 공간이 있었지만, 도시 외곽의 신식 주택들은 더욱 넓어진 주거 면적에 현대적인 가정용품과 온갖 소비재를 채워 넣으며 오롯이 소비를 위한 공간으로 변화했다. 그러나 20세기 초부터 미국의 평균적인 주택 크기가 계속 커진 것과 다르게 1881년부터 110년간 가족 구성원의 숫자는 오히려 과거의 50퍼센트 수준으로 대폭 줄어들었다.[15] 드리퍼스가 재디자인한 제너럴 일렉트릭의 냉장고는 이러한 경향을 반영했다. 제너럴 일렉트릭의 전시 디자이너의 말에 따르면 크기가 한층 커진 1939년도 모델은 의도적으로 공간을 많이 차지하도록 디자인되었다고 한다.

"냉장고의 모서리와 가장자리 반경이 더 커지고 문도 앞으로 더 튀어나왔죠. 윗면도 돔 형태에 가깝게 변했는데 이건 우리 냉장고가 매장에서 다른 회사 제품들보다 더 크고 잘 보이도록 하기 위해서입니다."[16]

물론 지역에 따라서는 큰 냉장고가 인기를 얻지 못한 곳도 있었다. 특히 집에 물건을 둘 자리가 귀한 경우에 그러했다. 영국에서는 냉장고를 기존에 식료품 저장실로 쓰던 공간에 콘센트를 설치해 넣거나 집 안 어딘가 남는 공간에 세워두었다. 여느 지역과 마찬가지로 영국 가정의 부엌 면적은 지난 100년간 증감을 반복하며 냉장고가 진입하는 데 영향을 미쳤다. 처음에는 냉장고를 사더라도 집에 제대로 둘 공간이 없어서 다른 가재도구들을 빼내는 일이 비일비재했다.

이렇듯 20세기 초 영국인들의 주방에는 냉장고를 들이기가 여의치 않았던 탓에 대다수 가정은 옛날 방식대로 식품을 보관했다. 당연한 말이지만 부피가 큰 미국 스타일의 냉장고는 수용하기가 더 어려웠다. 특히나 1920~30년대 유럽 국가들의 부엌은 좁기로 유명해서 가전제품을 겨우 한두 개 들일까 말까 하는 수준이었다.[17] 그 시기에는 주방을 주요 생활 공간과 떨어진 위치에 작게 짓는 경우가 많았고 그 면적이 한두 사람만 들어가도 꽉 차는 갤리galley*에 비견될 만큼 좁은 편이었다.[18] 여기에는 주방이 그저 일을 하는 장소일 뿐 한가하게 시간을 보내는 곳은 아니라는 사고가 반영되어 있었다. 결국 주방은 동선

* 선박이나 비행기 내부에 마련된 소규모 조리실.

을 줄여 노동을 최소화하도록 가능한 한 작게 설계되었고[19] 초기에는 이런 구조가 가정용 냉장고의 보급을 방해하는 요소로 크게 작용했다. 그래서 냉장고는 영국 주부들이 원하는 가전제품 구매 희망 순위에서도 조리용 레인지와 세탁기에 밀리기 일쑤였다.[20]

1930년대에는 냉장고를 포함해 여타 주방 가전을 수용할 수 있게 설계된 신형 주택이 늘면서 이러한 경향이 조금씩 바뀌기 시작했다. 여성을위한전기협회가 브리스틀에서 전시한 아르데코풍art déco* 모델하우스가 그러했듯이 당시 최신형 견본 주택의 주방에는 항상 냉장고가 기본 구성품으로 포함되었다.[21] 또 현대 건축의 거장 르코르뷔지에Le Corbusier의 디자인에 영향을 받은 신축 건물이나 1930년대 런던 근교에 확장된 메트로랜드Metroland**의 주택에는 주부가 즐겁게 일하고 가족이 함께 모여 단란하게 식사할 수 있는 넓은 주방이 구비되어 있었다. 이처럼 전기 배선과 배관을 완비하고 현대식 기자재를 잘 갖춘 집으로 이사하는 것을 두고 1930년대 주택 문화 전문가인 그레그 스티븐슨Greg Stevenson은 "현대 사회로의 진입"이라고 표현했다.[22]

그럼에도 20세기 중반까지 영국과 유럽의 대다수 가정에

* 1920~30년대에 크게 유행한 미술 양식으로, 기계화한 상공업 분야의 영향을 많이 받아 대칭적인 문양과 직선미가 두드러진다.

** 20세기 초 런던 북서부에 도시 철도 구간이 확장되면서 형성된 교외 지역.

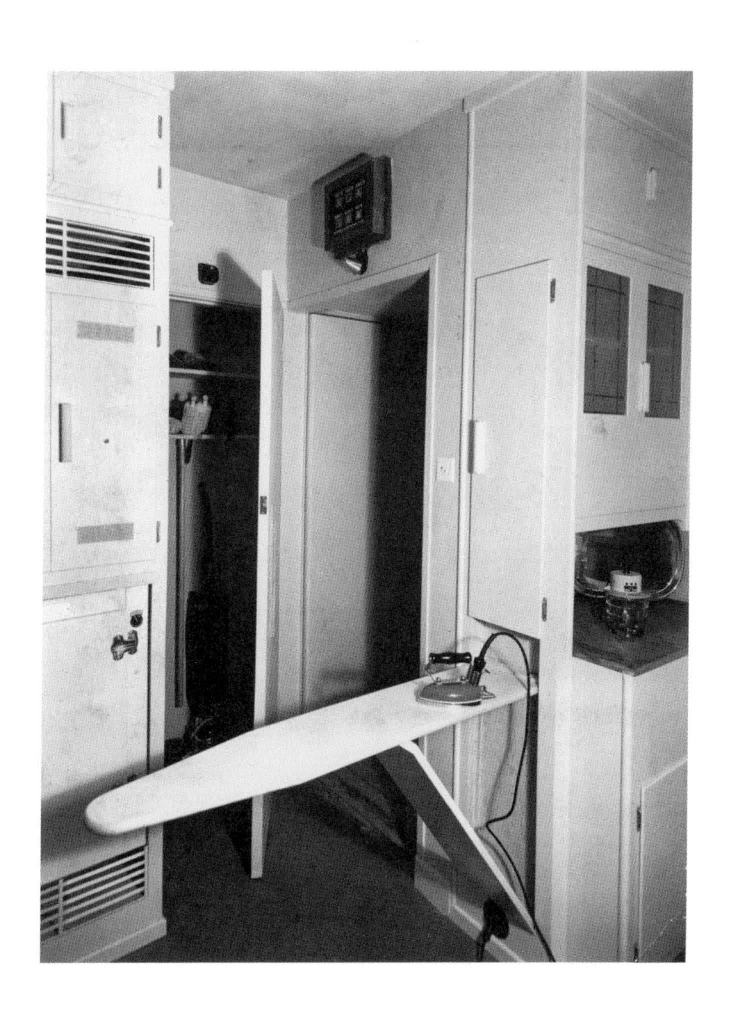

1935년 여성을위한전기협회가 브리스틀에서 전시한 모델하우스의 부엌. 전기 설비가 완비된 이 주택은 모델하우스 개장 후 일주일도 되지 않아 분양이 마감되었다.

는 냉장고가 없었다. 많은 기관과 단체가 현대 사회로의 전환을 꾀하며 신기술의 이점을 홍보했고, 이전보다 작고 쓰기 편리한 제품이 늘었을 뿐 아니라, 가전업체들의 적극적인 판촉과 더불어 전기가 연결된 가구 수도 늘었지만, 상황은 크게 변하지 않았다. 영국에서 현대식 주방을 갖출 수 있는 사람은 극히 적었고 20세기 후반이 되어서도 냉장고가 그리는 이상과 현실의 간극은 크기만 했다. 미국이 제2차 세계대전 중에 전쟁 물자 생산에 많은 자원을 투입하면서 낡고 오래된 냉장고를 아껴 쓰고 "더 오래 쓰라"고 "전업주부들"을 격려할 때, 영국의 일반 가정은 여전히 냉장고 대신 식료품 저장실에 의존했다.[23] 영국인들도 그처럼 대조적인 상황을 모르지는 않았다.

"뭐 그 나라에는 냉장고가 많다지요. 미국 사람들은 죄다 냉장고를 가지고 있답니다."

1943년에 런던의 풀럼 지구에 살던 주민의 말이다.[24] 백분율로 따져보면 1940년에는 미국에서 냉장고를 보유한 가구가 전체의 50퍼센트였는데 1944년에는 이 수치가 85퍼센트까지 높아졌다. 하지만 영국에서는 1953년에도 전체 가구 수의 5.3퍼센트만이 냉장고를 소유하고 있었다.[25] 대다수 가정에 냉장고가 없었다는 사실은 그 무렵 어린 시절을 보낸 이들과의 인터뷰에서도 확인된다. 한 여성은 이렇게 말했다.

"냉장고 같은 건 없었어요. 보통 집에서는 앞문에 철망이 달린 육류 저장고를 썼죠. 무엇이든지 거기에 보관하면 다 차가워졌어요."

또 다른 인터뷰 참가자도 이렇게 설명했다.

"우리 집에는 계단 아래쪽에 식료품 저장실이 있었어요. 그 안은 꽤 추웠고 석판이 하나 있었죠. 먹거리는 다 거기에 보관했어요."[26]

이런 공간이 항상 주방 가까이에 있지는 않았다. 버밍엄의 본빌에서는 많은 가정이 거실에 식료품 저장실을 두었고 런던에 소재한 한 공영주택에서는 식료품 저장실에 가려면 부엌을 나와 긴 복도를 지나야 했다.[27] 로햄턴의 런던 주의회 임대 아파트에 살던 한 주민은 냉장고를 갖춘 집과 그렇지 않은 집 사이에 어떤 차이가 있는지 이야기했다.

"노동자들도 음식을 오래 보관할 곳이 필요해요. 그런 걸 냉장고라고 하던데 집이 넓으면야 들여놓을 수도 있겠죠. 노동자라고 안 될 것 있나요?"[28]

하지만 냉장고가 있는 집이라 해도 먹거리를 보관하는 데 그것만 활용하는 경우는 드물었다. 20세기 초중반의 영국 가정에는 오늘날 우리가 잘 모르는 재래식 냉장 보관 기술이 있었고 냉장고란 단지 식료품을 오래 보존하기 위한 부수적인 방법에 불과했다. 식료품 저장실이 아예 없는 집이 아니라면 냉장고가 커야 할 필요도 없었다.[29] 한 인터뷰에서 레이먼드 버드Raymond Bird라는 남성은 냉장고를 처음 구입한 1930년대 당시를 똑똑

히 기억했다. "새로운 것에 관심이 많았던" 그의 어머니가 중고로 산 것이었다.[30]

"아주 작은 냉장고였어요. 아무리 크게 보아도 용적이 28리터 정도밖에 안 됐고 안에 뭐가 많이 들어가지도 않았죠. 이상하게도 그 냉장고는 좀처럼 쓸 일이 없었어요. 우리 집엔 아주 서늘한 식료품 저장실이 있었거든요."[31]

전후 주택 공급 계획과 효율적이고 즐거운 가사

제2차 세계대전이 아직 끝나기도 전에 영국에서는 전후를 대비한 주택 공급 계획이 진행되고 있었다. 정부 부처와 영국전기개발협회 같은 이익 단체들, 또《굿 하우스키핑》을 포함한 여러 생활 정보지는 전시의 궁핍한 삶을 견뎌낸 이들에게 전쟁 후 맞이할 주방과 가전 기기의 모습을 제시하며 신선한 자극을 안겨주었다. 그리고 그렇게 등장한 새로운 주방에는 대부분 냉장고가 놓여 있었다. 여기에는 1939년에《데일리 메일 *Daily Mail*》이 주관한 꿈의주택박람회의 전시물들, 그중에서도 노동자 계층을 위해 설계한 '올 유럽 하우스All-Europe House'의 주방이 큰 영향을 미쳤다.[32]

당시에 마련된 주택 계획은 목적이 뚜렷했다. 영국전기개발협회가 보여준 주방 디자인에는 전기냉장고가 늘 기본으로 포

데일리헤럴드 전후주택박람회에 전시된 주방. 1945년 7월 28일에 촬영한 사진으로 왼쪽 귀퉁이에 냉장고가 살짝 보인다.

함되었는데 이런 구성은 오늘날 우리에게 익숙한 주방의 삼각 동선, 즉 냉장고와 조리용 레인지, 싱크대 사이의 효율적인 이동을 고려한 것이었다.[33] 전후 재건 장관인 울턴 경 프레더릭 마키Frederick Marquis가 신기술로 가득한 전후 주택을 두고 한 발언에서도 알 수 있듯이 새로운 주방 디자인은 그 무렵 영국 사회의 지향점을 명확하게 드러냈다. 그는 대량 생산된 "노동 절약형 기기들"이 "가난한 이들에게 고된 노동을 안겨주었던 집을 과학의 힘으로 여가와 기쁨의 공간으로 바꾸어줄 것"이라고 내다보았다.[34] 그 뒤로 생활 가전이 가사 노동을 줄여주는 효과에 관해 많은 논의가 이어졌다.[35] 의심할 여지없이 가전제품은 그동안 주부들이 집안일로 겪어야 했던 노고를 크게 줄여주었다. 또 새로운 가전제품 덕분에 여성들은 앞 세대보다 조금 더 자유로운 일상을 보내게 되었다. 냉장고 덕분에 매일같이 식료품을 사러 나갈 필요가 없어졌고 세탁기 덕분에 '월요일은 빨래하는 날'이라는 전통적인 관념도 차츰 사라졌다. 영국의 랭커셔에 살며 한 집안의 어머니이자 주부로서 가사를 도맡았던 모리슨Morrison 부인은 1950년대 말과 1960년대 초에 그러한 변화를 확연하게 체감했다. 여전히 자녀 양육과 생필품 구매, 세탁, 청소로 바쁘기는 했지만 주방 가전 덕분에 예전 같으면 집안일을 해야 할 시간에도 이따금 여유를 부릴 수 있었다고 한다.

"때로는 아침에 정육점이나 생선 가게에 갔죠. 그리고 오후에는 애들을 데리고 공원에 나가곤 했어요."[36]

일각에서는 반론도 일었다. 오히려 집안일에 높은 수준을 요구하게 되고 청결에 관한 기대치가 상승해 시간과 에너지 면에서 가전제품이 가사 노동에 미치는 효과가 상쇄된다는 것이었다.[37] 한 예로 1951년에 매스 옵저베이션이 런던 근교의 주부들을 대상으로 한 조사에 의하면 그들은 일주일간 평균 71시간 집안일을 했다고 한다.[38] 이처럼 초기에는 전기냉장고를 비롯한 신형 가전의 효용을 의심하는 시선이 있었지만, 그래도 대다수 가정은 이런 기기들을 들이길 간절히 바라는 처지였다. 가전제품이 정말 가사에 드는 시간과 수고를 덜어줄 수 있을까? 이런 기대감이 구체화되는 데는 꽤 시간이 걸렸지만, 결국 소망은 현실이 되었다. 1964년 영국의 《뉴 룩New Look》에 게재된 글은 그러한 변화를 반영했다.

"여성들의 주방에는 새로운 삶을 나타내는 두 가지 상징물이 있다. 바로 냉장고와 세탁기다."[39]

여성 소비자들에게 큰 영향력을 발휘했던 굿 하우스키핑 연구협회 역시 그러한 흐름을 따라 실용적 관점에서 '가능한 한 효율적이고 즐겁게' 일할 수 있는 주방으로의 변화를 논했다.[40] 그리고 호평 속에 출간된 《굿 하우스키핑 단행본Book of Good Housekeeping》에서 독자들에게 최신형 냉장고가 구비된 다양한 주방의 모습을 보여주었다. "실험실 같은 백색 일색의 부엌"을 거부하며 꽃무늬 벽지로 꾸민 미국의 주방에는 성능이 한

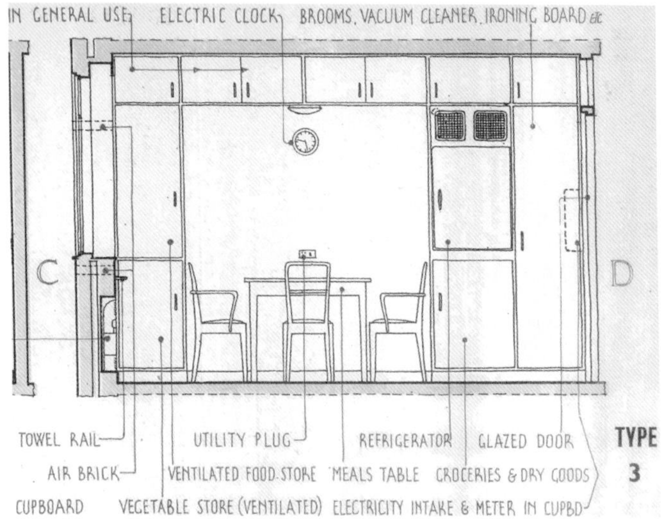

• 1945년도 데일리헤럴드 전후주택박람회를 방문한 중국인들. 이들은 노동정치계의 거두였던 스태퍼드 크립스Stafford Cripps 경의 아내이자 제2차 세계대전 당시 대중영국연합구호기금의 대표였던 이소벨 크립스Isobel Cripps의 안내를 받으며 사진 속 주방을 구경했다.

•• 전기냉장고가 설치된 아파트 주방의 개요도. 전후 주택 디자인을 다룬 1944년도 영국전기개발협회 간행 자료에 게재되었다.

• 영국전기개발협회가 1960년에 펴낸 《차가운 음식 요리술*The Art of Cold Cookery*》 속 삽화.

•• 1950년대에 《데일리헤럴드》가 게재한 그림으로, 최신식 노동 절약형 기기들 사이에서 여가를 즐기는 여성을 묘사했다.

• 1955년에 촬영된 한 부엌의 모습으로, 에나멜페인트를 칠한 하부장과 붉은색 소품들이 눈에 띈다. 주부들은 이러한 변화와 함께 실험실처럼 하얀 주방 환경에 반기를 들었다.

층 개선된 대형 냉장고가, 영국과 스웨덴의 주방에는 그보다 작은 크기의 냉장고가 주어진 공간에 꼭 맞게 설치되어 있었다.[41] 한편 프랑스에서는 1947년에 도시계획·재건부가 신규 공공주택 디자인 경연대회를 열었다. 이 대회는 새로운 주거 환경에 꼭 필요하다고 여기는 여러 '설비 기준'을 제시하며 당시로서는 드물었던 전기 콘센트와 냉온급수 시설을 한 군데 이상 설치하도록 했다. 또한 프랑스 전체 가구의 5퍼센트만이 소유했던 냉장고를 주방 디자인에 포함하도록 제안하며 냉장고 보급률을 높이려 했다.[42]

대중 매체의 노출과 기혼 여성 취업률

하지만 종전 이전에 사람들이 품었던 기대와 다르게 영국에서는 전후에 가전 공장이 재가동에 들어간 뒤에도 특권 계층이 아닌 이상은 냉장고를 쓰기가 어려웠다. 그 시기에 영국에서 생산된 상품 대부분이 수출용이었던 탓이다. 당시 큰 주목을 받았던 일렉트로룩스 냉장고를 비롯해 수많은 최신 가전이 상품 카탈로그를 채우고 또 무수히 많은 광고가 등장했지만 서민들이 가질 수 있는 물건은 없었다. 그래서 1946년에 "영국은 이룩하리라Britain Can Make It"라는 제목으로 열린 박람회가 "영국은 갖지 못하리라Britan Can't Have It"라는 별명으로 조롱

받기도 했다. 이에 냉장고 제조사들은 대중에게 유감을 표했다.

> 폐사 역시 여러분의 실망이 얼마나 큰지 잘 압니다.
> 저희도 여러분이 전쟁 이후 생산된 고품질의 냉장고를
> 갖추기를 바랐습니다. 현재 프레스트콜드 냉장고는
> 수천 대가 제작되는 중이고 언젠가는 여러분도
> 이 제품을 가지게 될 것입니다.
> 다만 지금은 수출을 우선해야……
> 내수용으로 생산된 제품은 적은 상황입니다.[43]

실망스럽기는 미국 소비자들도 마찬가지였다. 정부와 기업들은 평화가 찾아오면 각종 소비재를 서둘러 공급하겠다고 약속했지만 전쟁이 끝나도 속도는 더디기만 했다. 1946년에 저술가인 J. 손더스 레딩J. Saunders Redding은 가전 산업의 행보가 "지지부진하다"며 비판했다.

"대중은 공장의 조립 라인에서 자동차와 냉장고와 세탁기가 다시 생산되길 바란다. 이 싸움에서 누가 지는지는 더 이상 그들의 관심거리가 아니다."[44]

그런 와중에 냉장고는 극히 적은 숫자이긴 하나 영국 서민 가정으로 진출하는 데 성공했다. 임시 주택의 수요가 매우 높은 상황에서 영국 정부가 주택 공급 계획의 일환으로 일부 가구에 최신 가전제품이 완비된 조립식 주택, 일명 프리패브prefab를 제

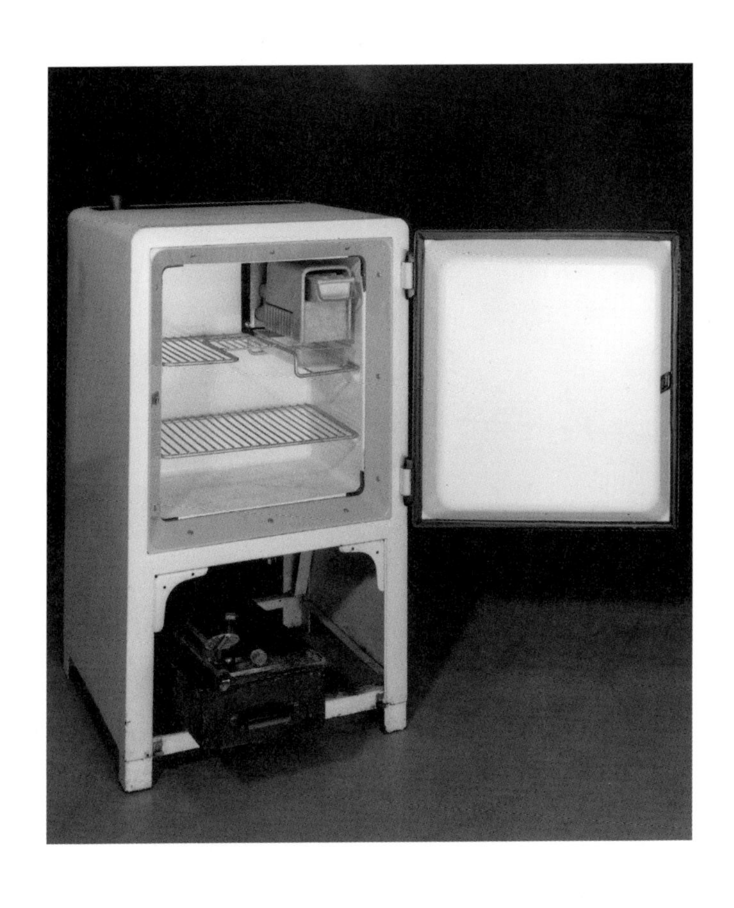

영국 루턴 공장에서 생산된 일렉트로룩스의 소형 냉장고. 제2차 세계대전 이후 프리패브에 많이 비치된 제품이며, 동력원으로 등유를 사용했다.

공한 것이다.[45] 이에 1944년 봄 런던의 테이트 미술관은 아콘Arcon*식 철골 주택과 목재 골조식 주택, 알루미늄 골조를 적용한 에어로AIROH** 주택을 포함한 초창기 프리패브 모델을 공개 전시했다.[46] 모든 물건이 새것으로 구비된 프리패브에는 아주 운이 좋은 극소수만 입주할 수 있었다. 당시 입주민이었던 넬리 릭비Nellie Rigby라는 여성은 1946년에 남편과 함께 새집을 처음 방문했던 때를 생생히 기억했다.

"살이 타는 듯한 더운 날이었죠. 그 집으로 들어갔을 때 저와 그이는 눈앞의 광경이 믿기지 않았어요. 냉장고와 가스레인지를 보니 정말이지 너무 신나더라고요."[47]

이런 조립식 주택의 입주민 가운데는 한때 영국 노동당의 수장이었던 닐 키넉Neil Kinnock과 그의 부모님도 있었다. 키넉은 어릴 적 기억을 떠올리며 말했다.

"붙박이 냉장고나 벽장으로 접어 넣는 식탁은 물론이고 욕실까지 제대로 갖춰진 집이었죠. 친척과 친구 들이 그런 놀라운 광경을 보러 우리 집을 방문했고요. 그때는 마치 우주선 안

* Architectural Consultants. 건축과 산업 분야의 연계성을 강화한다는 목표하에 여러 기업의 후원을 받아 1943년에 설립된 연구 조직. 창설 회원으로 건축가 에드릭 닐Edric Neel, 로드니 토머스Rodney Thomas, 래글런 스콰이어Raglan Squire와 산업 디자이너를 겸했던 잭 하우Jack Howe가 있다.

** Aircraft Industries Research Organisation on Housing. 에어로 프리패브는 제2차 세계대전 이후 전시에 급속히 확장된 항공 산업 분야를 먹여살리고 파괴된 항공기에서 나온 폐알루미늄을 재활용할 목적으로 만든 조립식 주택이다.

20세기 중엽 캘리포니아주의 한 육군 관사에서 사용된 냉장고.

에서 사는 것 같았습니다."[48]

그렇게 냉장고는 전후에 공급된 프리패브를 통해 대중에게 노출되면서 더 많은 이에게 선망의 대상이 되었다.[49] 제인 D. Jane D.라는 여성은 당시 해외 파병지에서 돌아온 장병과 그 가족들이 이미 냉장고를 사용해본 경험이 있었다고 말했다. 그녀는 네 살쯤부터 파병된 아버지를 따라 싱가포르에서 살았는데 "군인 관사에 있는 냉장고를 보고 매우 놀랐다"며 가족이 현지에 있는 영국 육군 학교에 방문했을 때는 냉장고에서 막 꺼낸 차가운 우유를 대접받았다고도 한다.[50] 1955년에 그들이 고국으로 돌아왔을 때까지도 냉장고를 소유한 이웃은 없었다.

대중매체는 냉장고를 원하던 1950년대 사람들의 욕구에 한층 불을 지폈다. 미국에서 방영된 〈도나 리드 쇼The Donna Reed Show〉 같은 인기 텔레비전 드라마에서는 냉장고를 "새롭고 전도유망한 미래를 여는 문물"로 소개했다.[51] 영국에서는 세계 최장수 라디오 드라마인 〈아처 가족The Archers〉에 주인공인 댄 아처와 도리스 아처 부부가 콜드레이터Coldrator 냉장고를 구매하는 장면이 나왔다.[52] 영국인들의 실제 삶을 그려내며 교훈적인 메시지를 전하던 〈아처 가족〉은 아처 부부의 냉장고를 보여줌으로써 영국 전역에 전쟁으로 인한 '고쳐 쓰고 아껴 쓰기make do and mend' 운동과 내핍 생활이 마침내 끝났음을 선언했다.

한편 그 무렵 미국에서는 에이본Avon의 영업사원들이 화장품 판매로 아메리칸드림을 실현하고 냉장고 같은 고가의 물품을 살 만큼 높은 수익을 올리는 비결을 밝히기도 했다. 당시에 시간제 직무는 '진짜' 직업으로 인정받지 못했고 일반 가정에서는 그런 일로 벌어들이는 수입이 '용돈 수준'에 불과하리라 여겼지만, 실제로는 냉장고 같은 고가품을 사들이기에 부족함이 없었다.[53] 과거에 한 미국 시민이 말했듯이 이제는 "새로운 자동차·전기냉장고·진공청소기"가 실로 "가족의 행복"에 이바지하는 시대가 되어가고 있었다.[54] 그럼에도 1960년에 냉장고를 갖춘 가구의 비율은 나라마다 큰 차이를 보였다. 미국과 오스트레일리아는 냉장고 보유 가구 수가 각각 전체의 97퍼센트와 80퍼센트에 달했고 네덜란드는 50퍼센트, 벨기에의 경우는 겨우 3퍼센트에 그쳤다. 영국도 17퍼센트로 보급률이 상당히 낮은 편이었다.[55]

놀랍게도 1965년에는 영국의 수치가 56퍼센트로 껑충 뛰었는데, 이러한 변화에는 그사이 여름철에 몇 차례 폭염이 발생했고 1958년까지 약 10년간 기혼 여성의 취업률이 두 배로 늘었다는 점이 영향을 미쳤다.[56] 1959년에 《이코노미스트The Economist》도 밝혔듯이 그즈음 일어난 소비자 혁명은 크나큰 인식의 전환을 불러왔다. 사람들은 "맥주와 담배를 사거나 당구를 즐기고 애완견을 위해 쓸 약간의 여윳돈"을 두기보다 "기계로 된 노예들을 할부 구매"하는 데 돈을 썼고[57] 과거 영국 노동당 총재였던 휴 게이츠켈Hugh Gaitskell은 이런 현상을 "세계관의 미국화"라고 일컬었다.[58] 냉장고는 1950~60년대 가정에서 생활 수준

1959년 모스크바의 소비에트박람회에 출품된 냉장고와 주방용품들. 당시 이 행사장 바로 옆에서는 니키타 흐루쇼프Nikita Khrushchyov와 리처드 닉슨Richard Nixon의 '주방 논쟁kitchen debate'*으로 유명한 미국 국립박람회가 개최되고 있었다.

이 변화하는 데 분명 일익을 담당하고 있었다. 이 기계는 만인의 생활 습관을 바꾸었을 뿐 아니라 영국 주부들에게 이전 시대의 여성들이 꿈꾸던 것보다도 더 큰 자유를 안겨주었다. 일례로 크리스틴 페그Christine Fagg라는 여성은 집안 살림을 한창 꾸렸던 1950~60년대에 "외부 활동을 간절히 바랐던 만큼" 자유 시간을 안겨주는 주방용 가전제품들이 더할 나위 없이 소중했다고 이야기했다.[59]

경우에 따라서는 주거 환경의 변화로 자연스레 새로운 기술을 받아들이는 상황도 벌어졌다. 실제로 식료품 저장실이 없거나 중앙난방 방식이 적용된 신축 주택이 늘면서 냉장고는 점차 가정의 필수품으로 자리 잡았다. 프랜시스 소어Frances Soar라는 여성은 옛 기억을 떠올리며 말했다.

"중앙난방이 들어오면서 냉장고가 필요해졌죠. 그때부터 식료품 저장실에 둔 음식들이 상하기 시작했거든요."

1946년도 신도시 조성 법안을 바탕으로 지은 신축 주택에는 많은 가전제품을 수용할 만한 맞춤 부엌이 마련되어 있었다.

한편 1950년대에 현대식 주택과 주방 디자인이 발전하는 데는 건축업체들도 큰 영향을 미쳤다. 프리패브 보급에 힘썼던 테일러 우드로사는 1956년에 주부들의 꿈이었던 개방형 주방 구조를 선보였다. 이 주방에는 최신형 냉장고와 눈높이 위

* 흐루쇼프와 닉슨이 박람회장에 전시된 주방용품을 보며 자국 체제의 우월성을 서로 내세우던 사건을 일컫는다.

치에 나란히 설치된 붙박이 찬장, 진홍색 포마이카 식탁, 전기로 작동되는 벽걸이 시계 등이 구비되어 있었다.[60] 그렇다고 모두가 이런 '꿈의 부엌'을 바란 것은 아니었다. 영국 서민들 중 일부는 현대적인 맞춤 부엌에 강한 거부감을 드러냈는데, 특히 노동자 계층에서 집 뒤편에 주방 공간을 두고 앞쪽에 응접실을 둔 전통 가옥 구조를 선호하는 경향이 두드러졌다. 하지만 정부가 제시한 새로운 지침은 공영주택에 중앙난방을 도입하고 식료품 저장실을 없애는 것이었다.[61] 실제로 1970년부터 2004년까지 영국 주택의 실내 평균 온도가 12도에서 18도로 올랐다는 점에서 냉장고 구매는 사실상 선택이 아닌 필수였다.

모든 것을 새로 사라, 가전업계의 주문

냉장고는 이제 있으면 좋고 없어도 그만인 물건이 아니라 규격화된 조리대와 가전제품들로 짜인 현대식 주방에 결코 없어서는 안 될 필수적인 존재가 되었다. 곳곳에서 오래된 주방 기기와 새 제품 들의 불편한 동거가 이어지는 가운데《굿 하우스키핑》은 신혼살림을 맡은 새댁들에게 최신 가전일수록 성능이 좋은 법이니 "모든 것을 새로 사라"는 조언을 던졌다.[62] 일부 소비자들은 그 말을 그대로 따랐다. 미스터 H와 미세스 H로 이름을 밝힌 한 부부는 1950년에 영국산업박람회에서 본 U자형 주

H모 부부가 1950년대에 구입했던 고급 주방 세트. 런던과학박물관에 전시된 것으로 모형 창문 바로 앞의 하부장에 양문형 냉장고가 내장되어 있다.

방 세트를 통째로 구입했다. 이 주방은 당시의 유행색을 입힌 담녹색 부엌장들 사이에 작은 양문형 냉장고와 조리용 레인지를 맞춰 넣은 것으로, 바닥 타일과 시계 역시 녹색 계통으로 꾸몄다.

미국의 소비자들에게는 훨씬 많은 선택지가 있었다. 콘 에디슨Con Edison사가 마케팅을 위해 "당신의 주방을 설계해보세요Plan Your Kitchen"라는 이름으로 낸 조립 키트는 부유한 미국 주부들이 새로운 주방 모양을 직접 구상하는 데 도움을 주었다. 키트 상자와 설명서를 보면 그 시절 가정의 역학 관계가 분명하게 드러났다. 상자 뚜껑에는 모형을 배치하는 여성의 손이 보였고 "당신이 원하는 주방을 마련하는 방법"이라는 제목이 붙은 설명서에는 남편이 미래의 부엌을 미리 꾸미는 아내를 인자하게 지켜보는 그림이 있었다. 이런 구도는 가장인 그가 조만간 지갑을 열 것임을 암시했다. 이 키트에 내재된 놀이적 요소 덕분에 잠재 소비자들은 '친절한 영업사원'의 도움 아래 각자 꿈에 그리던 주방을 더욱 구체적으로 표현했다. 또한 모형 가전제품과 그 외 구성품 들을 만져보고 직접 배치해보는 경험은 그들에게 상품을 구매하고 꿈을 현실화하는 자극제가 되었다.[63]

그렇지만 지역에 따라서는 1950년대 들어 겨우 식료품 저장실을 마련하고 생활이 한결 나아졌다며 만족하던 이들도 있었다. 미국에서 새 냉장고를 사고 "낡은 냉장고는 치우라"[64]는 광

콘 에디슨사의 "당신의 주방을 설계해보세요"조립 키트. 상자의 삽화는 제목처럼 여성들이 이 키트로 주방을 원하는 대로 디자인할 수 있다고 말하는 듯하다. 하지만 본래 이 '장난감'은 새로운 주방 세트로 여성들의 눈을 돌리기 위한 영업 도구였다.

• 1930년경 글래스고에서 찍은 사진으로, 이 가족은 작은 방이 두 칸 딸린 집에서 생활했다. 좁은 부엌에는 물을 데우거나 요리를 하기 위한 화덕과 설거지용 개수대가 하나씩 있었다.

고가 등장했을 때, 런던의 베스널그린에서 전원 지역인 에식스의 신규 주거 단지로 이주한 몇몇 주부들은 눅눅하고 비좁은 데다가 여러 집이 나눠 썼던 19세기식 주거 공간 및 취사 시설과 이별하고 마침내 "싱크대와 식료품 저장실이 있는 진짜 부엌"[65]을 맞이했다는 사실에 들떠 있었다. 1950년대에 많은 가정에서 부엌은 일차적으로 음식을 조리하는 공간이었지만 과거에도 늘 그랬듯이 빨래를 하거나 몸을 씻고 일상에 필요한 온갖 허드렛일을 하는 장소이기도 했다.[66] 또 그 시절의 전쟁미망인 가구와 독신남 가구는 물론 경제 사정이 열악해 어쩔 수 없이 중고나 할부로 가전제품을 사야 했던 이들의 주방 역시 광고나 꿈의주택박람회에서 볼 수 있는 멋진 주방과는 한참 거리가 멀었다.[67]

그즈음 출시된 냉장고 중에는 그처럼 주방이 좁거나 재정이 풍족하지 않은 집을 대상으로 한 제품들이 몇 가지 있었다. 그중에서 캐논룩스CannonLux라는 냉장고는 "소규모 아파트에 거주하는 가족이나 독신남·독신녀 등 주거 공간이 부족한 분들을 위해 특별히 제작된 제품"이라는 설명과 함께 작은 부엌에 들이기에 가장 적합한 물건으로 광고되었다.[68] 또 어떤 공간에나 잘 맞도록 디자인된 냉장고도 있었는데, 그 대표격이 바로 1959년에 에든버러 공작 디자인상을 받은 프레스트콜드 팩어웨이였다. 이 제품은 영국의 주방 조리대 표준 규격에 꼭 맞는 높이로 만들어졌으며 주변의 주방 기물에 간섭받지 않고 문이 최대한 열리게끔 디자인되었다. 게다가 공간이 정말 협소한 곳에서는 벽에 걸어놓고 쓸 수도 있었다. 이 제품을 디자인한 C.W.F. 롱맨C.W.F. Longman과 에드워드 윌크스Edward Wilkes는 미국에서 유행하던 맞춤 부엌 스타일을 따라서 "잡다한 물건들을 일관성 없이 배열"하는 것을 지양하고 더욱 통일성 있는 주방을 추구했다.[69] 흥미롭게도 그들이 완성한 냉장고 디자인은 절제미를 갖추고 "부엌의 작업대와 수납장들 틈에서 조그맣게 새겨진 브랜드 로고만으로 정체성을 드러냈다."[70] 팩어웨이 냉장고는 과거에 나온 제품들과 다르게 굳이 존재감을 과시할 필요도 없었고 주방 공간을 많이 차지하거나 소비자의 지갑을 축낼 일도 없었다. 그러나 이처럼 진취적인 디자인에도 불구하고 냉장고가 여자들의 물건이라는 사고방식에는 변함이 없었다. 당시 간행된《프레스트콜드 포스트Prestcold Post》는 공동 주택에 설치된 팩어웨이 냉장고의 현황을 전하면서 한 남성의 말을 인용했다.

"아내 말로는 그 냉장고가 주방에서 쓰기에 아주 편하다고 합니다."

이 소식지에는 당시로선 글 쓸 시간을 내기가 녹록지 않았던 주부들도 참여해 수년간 '고장 없이' 믿고 쓸 수 있는 프레스트콜드 제품을 칭찬했다.[71]

한편 팩어웨이 냉장고는 네 모서리가 반듯한 '직각' 형태로 제작되었다. 이러한 형태는 1950년대 가전 디자인의 전형으로, 그 시작점은 분명히 냉장고였다. 이런 유형의 주방 가전은 네모난 상자 꼴을 하고 대부분 밑면이 바닥에서 살짝 '떠' 있었다. 또한 아주 작고 밋밋한 모양의 손잡이와 더불어 간혹 독특한 질감이 두드러지는 외장재로 장식되기도 했다.[72] 그리고 윗면은 제품을 주방 작업대 아래 내장하거나 물건을 얹는 용도로 작업대에 이어 붙일 수 있도록 편평하게 제작되었다. 이런 '각진 스타일'은 1950년대 후반에 미국의 프리지데어사가 구현한 것으로, 맞춤 부엌 형태에 맞추어 단정하고 윗면이 납작하게 디자인된 가전제품들이 당시에 큰 인기를 얻었다.

이처럼 맵시 있게 다듬어진 주방과 가전 디자인은 1970년대에 위아래로 냉동실과 냉장실을 탑재한 제품이 등장하면서 어느 정도 변화를 맞았다. 크기와 높이가 달라진 냉장고를 수용하려면 기존에 줄을 맞춰 넣었던 일부 작업대를 빼내고 주방 배치를 수정하는 수밖에 없었다. 특히 부피가 커서 공간을 많이 차지했던 상자형 냉동고는 주방에 설치하기가 훨씬 더 어려웠다. 이런 제품을 구매한 사람들은 무겁고 덩치 큰 초창기 가정용 냉장고를 집 안에 들일 때처럼 주방 밖에서 적절한 공간을 찾아야 했다.

그러다가 대형 냉장고는 차츰 다채로운 색깔의 부엌 수납장 속으로 모습을 감추었다. 1980년대에 제니 힐먼Jennie Hillman과 데이비드 힐먼David Hillman 부부가 쓰던 주방이 꼭 그런 식이었다. 그 시절에 한창 유행하던 흑백 조합에 붉은색 스테인리스강

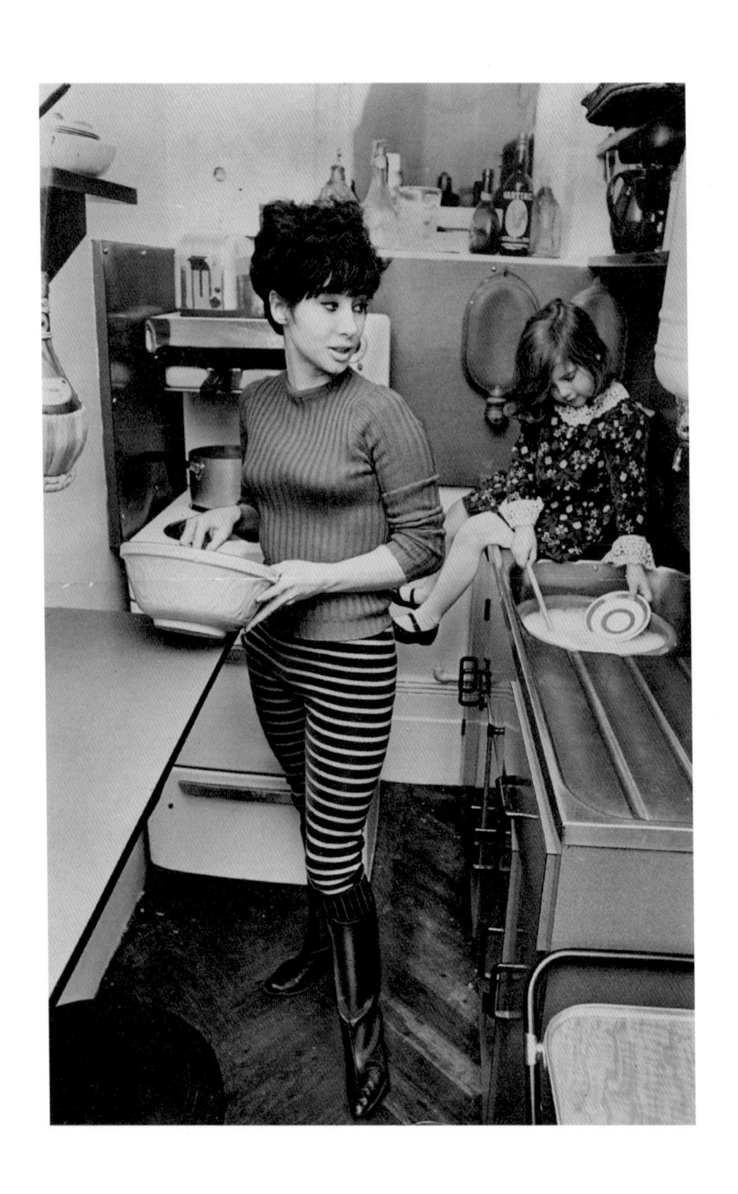

조리 공간이 좁은 전형적인 갤리형 주방. 1964년에 영국 드라마 〈닥터 후Doctor Who〉에 출연했던 배우 캐럴 앤 포드Carole Ann Ford와 그녀의 딸을 찍은 사진이다.

1959년경 생산된 프레스트콜드 팩어웨이 D301 제품은 좁은 공간에도 잘 맞게 디자인되었다.

이 조화를 이룬 이 주방은 검은색 수납장 안에 이탈리아의 자누시Zanussi 가전제품들을 감추고 있었다. 당시 《굿 하우스키핑》에 실린 글에서도 알 수 있듯이 힐먼 부부의 주방은 세련된 감각이 특히 돋보였다.

"만약 블랙·화이트·레드가 아니고 또 스테인리스강이 아니었다면 이 주방 세트는 선택받지 못했을 것이다!"[73]

냉장고는 공간 활용 문제뿐 아니라 일상생활에서도 종종 불편을 유발했다. P모 여성은 1965년도 꿈의주택박람회에 크라우치 하우스Crouch House*가 전시될 무렵에 처음 구매했던 냉장고를 여전히 기억한다. 그녀는 그때 가족과 함께 침실이 하나 딸린 북런던의 작은 임대 아파트에 살았는데 주방 공간이 좁아서 단열벽이 두툼했던 그 냉장고를 안에 완벽하게 넣을 수 없었다. 게다가 압축기 모터가 돌아갈 때면 온 건물이 흔들리듯 시끄러워서 다들 잠을 설치기 일쑤였다.[74] 그럼에도 이러한 단점에 비하면 냉장고를 사서 얻는 이점이 분명히 더 컸다.

한편 소비자들은 냉장고를 집에 들이며 새로운 책임을 함께 떠안게 되었다. 바로 제품을 올바르게 사용하고 유지 보수할 책임이었다. 전통적인 식품 보관 방식에 기대어 암묵적으로 따르던 옛 지식은 새로운 문명의 이기 앞에 더이상 쓸모가 없었다. 그러나 초창기에 냉장고를 구입한 이들의 학습 속

* G.T.크라우치라는 건설업체가 공급한 주택으로, 전통적인 가옥 디자인에 현대적 요소를 결합해 인기를 끌었다.

• 1970년, 거실에 상자형 냉동고를 새로 들인 뒤 기쁜 표정으로 옆에 선 질 톰슨Jill Thompson 부인.

•• 1965년도 꿈의주택박람회에 전시된 크라우치 하우스의 부엌 사진으로, 《데일리헤럴드》 기자인 토니 아일스Tony Eyles가 촬영했다. 현대적인 디자인과 더불어 표준 규격의 조리대가 갖춰진 공간으로 바게트 바구니 같은 일상 소품들 덕분에 실제 가정집을 보는 듯한 느낌이 든다.

1955년경 촬영된 핫포인트사Hotpoint 냉장고의 홍보용 사진. 한 여성이 냉장고 표면을 청소하고 있다.

도는 오늘날 스마트폰을 처음 써보는 이들만큼이나 더뎠다. 1930년대에 요리사이자 가정부로 일했던 모니카 디킨스Monica Dickens*는 저서에서 당시 주인집을 방문한 가스업체 직원 덕분에 "그제야 냉장고의 얼음이 매번 녹는 이유를 알았다"고 밝혔다. 그 직원은 "냉장고 문을 꼭 닫아야 한다는 사실을 몰랐던 그녀의 면전에서 무례하게 웃어댔다"고 한다.[75] 기업들이 새 냉장고와 함께 상세한 제품 설명서를 제공하고 가스 회사와 전기 회사 영업사원들이 많은 시간을 들여 가전제품 사용법을 가르쳤지만 이를 무시하거나 잘못 이해한 사용자가 많았고 때로는 일부러 지침에 어긋나게 행동하는 사람도 있었다. 가령 1930년대에 발명에 관심이 많았던 한 냉장고 소유주는 양의 똥에서 발생한 메탄가스로 가스냉장고를 가동시키려 했다.[76] 가정학 전문가인 앤 스미스Ann Smith는 1950년대에 몇몇 공영 아파트에서 냉장고의 오용 사례를 자주 발견했다고 한다. 그녀가 확인한 바로 냉장고가 제대로 가동되는 집은 여덟 집 가운데 세 집뿐이었다. 나머지 다섯 집은 수선 중인 옷가지를 보관하는 데 냉장고를 쓰고 있었다. 또 개중에는 안에 아무것도 넣지 않고 우유는 밖에 둔 채 전원을 연결한 집도 있었다고 한다. 그래서일까, 《프레스트콜드 포스트》는 한껏 진지한 태도로 1961년에 "냉장고는 단순한 찬장이 아니다"라는 표제를 내걸었다.[77]

* 찰스 디킨스의 증손녀로 가정부, 간호사, 항공기 공장 직원 등 다양한 직업을 경험하며 많은 책을 썼다.

여성의 전유물에서 일상의 친구로

20세기 전반에 서구 가정에서는 냉장고를 사용하고 관리하는 일을 여자들의 몫으로 여겼다. 그 시절의 광고는 대개 여성이 주방 디자인을 정하고 냉장고를 고르거나 관리하는 모습으로 채워졌는데 남자는 냉장고와 아예 무관한 존재 같았다. 하지만 새로 등장한 가전제품들은 가정에서 남성의 지배력을 조금씩 갉아먹고 있었다.[78] 전문가가 아니면 손대기 어려운 복잡한 기계장치 때문에 냉장고를 수리하려면 결국 집안의 가장이 아닌 외부인의 손을 빌려야 했던 탓이다. 그런 특수한 경우를 제외하면 각종 광고나 제품 안내 책자에서 냉장고 내부를 청소하고 정리하거나 표면의 에나멜페인트를 다시 칠하는 등 전반적인 기기 관리를 맡은 사람은 언제나 여자로 그려졌다. 서로 다른 취향 탓에 매번 티격태격하는 두 남자 룸메이트의 이야기를 그린 코미디 영화 〈별난 커플The Odd Couple〉(1968)에서도 강박적으로 청소에 매달리는 펠릭스(잭 레먼Jack Lemmon)를 민감한 성격에 가사를 맡은 여성적 인물로, 정체불명의 녹갈색 샌드위치를 냉장고 안에 나 몰라라 남겨둔 오스카(월터 매소Walter Matthau)를 투박하고 지저분한 남성적 인물로 묘사했다.

사실 냉장고가 등장하면서 가족 구성원 누구나 손쉽게 음식에 접근할 수 있는 환경을 갖추었지만 여전히 주된 사용자는 여성이라는 인식이 보편적이었다. 가령 1950~60년대에 《파리

마치》 같은 잡지에 게재된 주류 광고에서도 남자에게 마실 것을 가져다주는 사람은 항상 여자로 그려졌다. 하루의 고된 노동을 마치고 돌아와 의자에 기대어 앉은 남편, 그리고 그를 위해 냉장고에서 곧장 시원한 맥주를 꺼내오는 아내……. 이런 부류의 광고 이미지는 대부분 남성 소비자를 겨냥한 것인데, 혹시 이 말에 공감이 가지 않는다면 구글에서 옛날 맥주 광고를 찾아보기 바란다.

그런데 1950년대에 등장한 서벨Servel 냉장고 광고는 기존 광고들과 다르게 양복을 입은 남자가 찬 음료를 만들려고 냉장고에서 직접 각 얼음을 꺼내 든 모습을 보여주었다. 또 서벨의 1953년도 광고에는 한 남자가 아내에게 각 얼음의 생성 과정을 설명하는 모습이 실렸다. 분명히 그 시절에도 남자들의 마음을 사로잡을 만큼 멋진 제품들이 없는 것은 아니었다. 요즘은 요거트 중에도 '활동적인 남성을 위한' 제품이 개발되어 나오는데, 그간 유제품 광고가 여성 위주로 흘러갔다는 점에서 이런 전개는 꽤 흥미롭다.[79]

비록 초기에 설치 공간과 효용성에 관한 문제로 이래저래 애증과 불신을 불러일으켰지만, 그 뒤로 서양 문화권에서 냉장고를 빈번히 사람이나 동물에 비유해온 것을 보면 이 물건이 우리 삶에 얼마나 깊이 파고들었는지를 새삼 느끼게 된다. 그중에서도 특히 리처드 호프만Richard Hoffman의 시 〈냉장고Refrigerator〉에는 이런 특징들이 압축되어 있다.

낡고 하얀 보존주의자

그는 툴툴거린다

눈을 감고 온몸을 떨다가

눈이 내리는 꿈을 꾼다

북극곰이 눈을 털다가

데굴데굴 구르는 꿈을 꾼다

그가 움직일 때면

그 모습은 마치 커다란 펭귄

물컹한 아보카도

질깃한 아티초크

상한 고기와

까만 바나나

시큼한 우유

딱딱한 치즈

그에게는 잘못이 없으리

변덕스레 허기를 느끼는

우리의 탓일지니[80]

나는 박물관 큐레이터로 일하면서 오래된 냉장고를 기증

하겠다는 문의를 많이 받았다. 그때마다 기증자들이 하는 말이 참 놀랍다. 냉장고라는 기계를 마치 살아 있는 사람이나 동물처럼 표현하는 경우가 많아서다. 기증자들은 떠나가는 냉장고를 보기가 얼마나 슬픈지 또 냉장고가 그들을 얼마나 '충직하게 보필'했는지를 이야기했고 어떤 사람은 부디 '좋은 집'으로 가길 바란다는 말까지 했다(주인이 '에델'이라고 이름 붙인 1950년대 핫포인트사 냉장고로 최근 런던과학박물관에 기증되었다). 냉장고와 주인들 사이에 끈끈한 애착 관계가 형성된 이유는 아마도 옛날 냉장고의 수명이 그만큼 길었기 때문일 것이다. 고장 없이 오래가도록 제작된 냉장고는 늘 낯익은 모습으로 집 안 한구석을 지켜선 채 변해가는 가족의 삶 속에서 추억을 함께 나누는 존재였다. 이런 감성은 존 라루John LaRue라는 블로거의 글에도 잘 나타나 있다.

> 얼마 전 유명을 달리한 내 친애하는 벗……. 내가 가장 힘들던 시절에 이 친구는 언제나 차가운 맥주를 안고 그 자리에 있었다. 또 내가 배고플 때면 친구는 매번 알맞게 끼니를 해결해주었다. 내가 한껏 열이 받아 있을 때도 언제나 냉정을 잃지 않았던 그 녀석.
> 내 친구는 바로 냉장고였다.[81]

재미있는 것은 20세기 초에도 지금과 비슷한 표현들이 쓰였

• 부엌 수납장 안에 냉장고를 감쪽같이 감춘 21세기의 어느 주방.

•• 냉장실과 냉동실이 모두 먹을 것으로 꽉 찬 어떤 집의 냉장고. 그 옆에는 식료품 저장실이 감추어져 있다.

••• 냉장고는 각종 장식용 자석을 붙여두는 수집 공간이 되기도 한다.

•••• 런던의 한 케이크 가게에서 중요 임무를 맡고 있는 스메그Smeg 냉장고.

• 1990년대 미국 백악관의 대형 냉장고 보관실. 저명한 건축사진가 잭 바우처Jack Boucher가 미국역사건물조사국을 위해 촬영한 사진이다.

•• 사무실 한편을 차지한 냉장고.

다는 사실이다. 그 시절에 냉장고는 요즘처럼 낯익은 친구의 이미지가 아니라 모든 이에게 낯선 최첨단 기기였지만 간간이 광고에서 "주부들의 친구"나 "지칠 줄 모르는 하인"으로 묘사되곤 했다.

이제 냉장고의 의인화는 단순한 감성과 향수를 넘어 현실이 되었다. 최근 일본의 한 연구에 의하면, 인공지능을 탑재한 냉장고에 로봇 눈이 달려 있을 경우 사용자들이 보관할 음식 종류나 보관 기간에 관한 냉장고의 설명에 더 귀를 기울이고 잘 따른다고 한다. 단순히 소리를 듣거나 메시지를 읽기보다는 친숙한 표정을 짓는 냉장고와 눈을 마주쳤을 때 언제 어떤 음식을 넣었고 어떤 지침이 있었는지 기억할 가능성이 더 높다는 것이다. 이러한 인간형 기기들은 앞으로 노인 계층과 장애인들이 각자의 주거 환경에서 더욱 자주적으로 생활하는 데 도움이 될 것이다.[82]

이런 변화가 속속 일어나다 보니 국제 우주 정거장에서 쓸 냉장고 디자인으로 인간에게 친숙한 형태가 고려되고 있다는 소식도 그리 놀랍지는 않다. 아직 우주로 진출하지는 못했지만 이 냉장고와 더불어 식판에 '의인화된 만화풍 캐릭터' 이미지를 넣는 방안도 거론되었는데, 이는 모두 머나먼 우주 공간에 머무르는 이들에게 심적인 위안을 주기 위한 것이다.[83]

냉장고에 담긴 사회학과 취향

이제 이번 장을 시작하며 만났던 '저택의 여주인'을 다시 떠올려보자. 만약 지금 우리가 그녀의 주방을 방문한다면 그녀가 요즘 주방을 볼 때와 마찬가지로 냉장고를 비롯한 주방 가전의 형태나 거기에 내재된 여러 가지 사회적인 의미가 매우 낯설고 생소하게 느껴질 것이다. 현대인에게 주방은 그 집의 첨단 기술과 스마트 가전을 늘어놓은 전시장인 동시에 사교의 장으로 종종 활용된다. 반대로 100여 년 전에 주방은 부유하고 "품위 있는" 한 집안의 주인이 자주 들르는 곳은 아니었고 "하인 계층과 빈민만 상주하는 천한 장소"로 괄시받기까지 했다.[84] 그 시절에 비교적 잘사는 집들은 부엌을 사람들 발길이 뜸한 장소나 집 뒤편에 두었고 때로는 아예 지하 깊숙한 곳에 감추기까지 했다. 하지만 저택 여주인의 냉장고와 관련해 한 가지만큼은 전혀 낯설지가 않다. 그녀에게 냉장고는 일종의 전리품이자 욕망의 상징이며 바깥세상에 보여주고 싶은 자신의 이미지였다.

지난 60년간 주방의 무게 중심은 냉장고에서 조리용 레인지로 옮겨갔다가 다시 냉장고로 돌아왔고 이후 주방의 스타로서 그 인기는 계속 높아졌다. 최근에 내 친구 가운데 하나는 시커먼 석판이 연상되는 미국 스타일 냉장고를 샀는데 그 생김새가 꼭 스탠리 큐브릭Stanley Kubrick 감독의 1968년 작 영화 〈2001: 스

• 미국의 평범한 주방을 담은 사진작가 토니 레이-존스Tony Ray-Jones의 작품 〈주방의 두 여인과 10대 소년, 1972년 미국Two Women and a Teenage Boy in a Kitchen United States, 1972〉

•• 대형 냉장고가 비치된 최신식 주방.

페이스 오디세이2001: A Space Odyssey〉에 나오는 거대한 모노리스를 앞뒤로 두툼하게 늘려놓은 것 같았다. 그렇다면 이 물건을 들인 뒤 부엌의 나머지 부분은 어떻게 되었을까? 친구 말로는 냉장고를 중심으로 부엌 디자인을 다시 할 생각이라고 한다.

1930년대를 살던 버드 가족에게 냉장고는 "좀처럼 쓸 일이 없는" 물건이었지만 그 뒤 오랜 세월을 거치며 가정에서 냉장고의 의미와 가치는 계속 커졌다. 이와 더불어 주방도 고도의 기능성과 실용성을 갖추고 차츰 여가와 사교 활동의 장이자 꿈의 공간으로 변화했다. 그리고 여느 박람회에 등장한 멋진 주방의 이미지처럼 요리책 속 식자재들로 가득한 최신형 냉장고가 우리 일상에서 한 자리를 차지하기에 이르렀다. 비록 지금만큼은 아니었지만 과거에도 주방은 냉장고를 비롯해 늘 다양한 주방용품이 진열된 장소였다. 1920~30년대에는 그곳에 하얗게 빛나는 모니터 톱과 일렉트로룩스의 저소음 가스 흡수식 냉장고, 로위가 디자인한 유선형 콜드스폿 냉장고가 있었고, 요즘은 복고풍의 스메그 냉장고, 둥근 창문과 원목 소재가 적용된 이탈리아산 고급 양문형 냉장고나 와인 보관실, 냉수기, 무선 인터넷 기능 등이 탑재된 제품들이 그 자리를 대신하고 있다.

현재 전체 가구의 25퍼센트 정도만이 냉장고를 보유한 인도에서는 과거 서구 세계처럼 냉장고가 꿈의 주방 가전으로 통한다. 테일러 산토시 초두리Tailor Santosh Chowdhury라는 남성이 사는 곳에서는 그의 가족이 10년간 저축해서 마을 최초로 냉장고를 구입하기도 했다. 지금 인도에서는 소득 증가로 그들처럼 고가의 상품에 돈을 쓰고, 냉장고를 소유하는 가구가 점점 늘어나는 추세다.[85]

지역과 시대에 따라 변화의 양상은 다르지만 한 가지 분명한 것은 지난 100여 년간 냉장고가 우리의 일상과 문화 속에 더 깊이 파고들었다는 사실이다. 냉장고는 그 효용성을 인정받고 적절한 공간을 차지하며 가정에 정착한 뒤로 우리 생활과 떼려야 뗄 수 없는 관계가 되었다. 이제 냉장고는 비단 우리가 먹고 마시는 음식물만이 아니라 매니큐어와 이유식, 의약품, 낚시 미끼, 반려동물의 음식까지 보관한다. 이런 냉장고 대신 다른 가전제품이 주방의 왕 자리를 차지하는 것을 상상이나 할 수 있을까? 심지어 냉장고는 2015년도 영국 총선에서도 화젯거리가 되었다. 당시에 일간지의 시사평론가들과 대중은 한 방송에 공개된 데이비드 캐머런David Cameron 총리 가족의 냉장고와 그 속의 내용물에 관해 너 나 할 것 없이 한마디씩 던져댔다. 그 냉장고는 그들의 사회적 지위와 생활 수준은 물론 디자인 감각이나 브랜드 취향, 쇼핑 습관까지도 가감 없이 드러내고 있었다. 예나 지금이나 한 가정에 발을 들인 이상 냉장고는 그저 단순한 가전이 아닌 것이다.

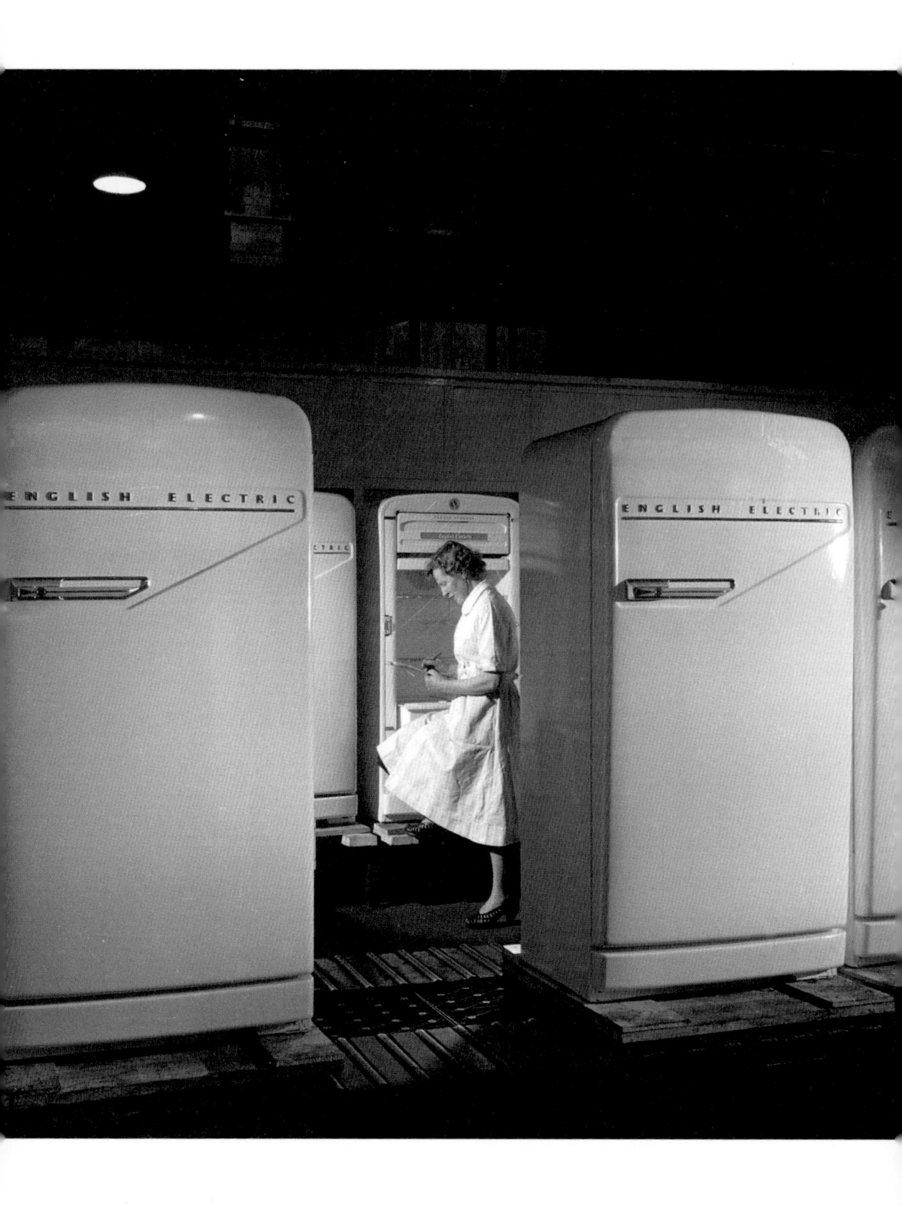

1954년 잉글리시일렉트릭English Electric사의 생산 라인에서 한 직원이 제품 검수 작업을 하는 모습. 이 사진은 제2차 세계대전 이후 공업 분야의 전문사진작가로 명성을 떨친 월터 뉘른베르크Walter Nurnberg의 작품이다.

제5장 냉장고의 구조

어쩌다 냉장고는 지금과 같은 외형과 인상, 소리를 갖추게 되었을까? 대다수 사람은 이 점을 딱히 궁금해하지 않고 자기 집 냉장고가 어떤지도 잘 기억하지 못한다. 행여나 기억한다 해도 냉장고의 색깔과 크기, 문이 열리는 방향, 에너지 소비효율 등급이 얼마인가 정도에 그친다. 대부분은 냉장고가 '왜' 그렇게 생겼고 어째서 외부 마감재로 반질반질한 백색 도료를 썼는지, 배관은 어디에 있고 어째서 문 안쪽에 선반이 붙어 있는지에 신경 쓰지 않는다. 냉장고는 '원래 그런 것'이라면서 말이다. 오늘날 생산되는 냉장고들은 편의성을 높이는 기능들을 기본으로 갖추고 있다. 지난 100여 년간 새로운 기능을 더하고 기존 구성 요소들을 수정하며 서서히 발전해온 냉장고의 구조는 시기에 따른 제품의 형태·기능상 변화와 시대적 관심사를 잘 보여준다.

하지만 20세기 초에는 소비자의 욕구에 맞게 제작된 냉장고가 드물었다. 업계 초창기에 등장한 일부 제품은 세련됨과는 정말 거리가 멀었다. 구불구불한 파이프가 여기저기 드러나 그야말로 기계라는 느낌이 강했다. 당시 기술자들은 냉장고 문고리를 어디에 다느냐보다 제품 케이스를 가장 효율적이고 쉽게 만드는 방법이나 커다란 압축기와 모터를 그 안에 넣는 방법에 더 관심을 기울였다.[1]

냉장고의 형태에는 디자인, 심미적 요소, 사용자의 경험, 제조상 편의성과 작업 단계, 다양한 시행착오 등이 영향을 미쳤으며 때로는 이런 요건들 간의 우선순위를 두고 마찰이 일기도 했다.[2] 그 외에 유용성을 두루 인정받은 부수 기능과 마감재 등은 시간이 지나며 차츰 모습을 보였다. 냉장고 문에 처음으로 선반이 장착된 때는 1930년대로, 이 무렵에는 서랍식 채소 보관실, 냉장고 문을 열면 불이 들어오는 내부등도 함께 등장했다. 냉장고 온도를 제어하는 온도 조절 장치는 업계 초창기의 전기냉장고, 이를테면 미국의 프레드 울프Fred Wolf가 개발한 도멜레 냉장고에도 달려 있었다. 표면이 잘 닦이는 합성 도료나 에나멜 도료, 얼음틀과 냉동칸 역시 초기부터 유용성을 인정받으며 현재 냉장고의 한 부분으로 완전히 자리 잡았다. 지금은 이 모든 것이 기본 사양이지만, 이 기계 장치의 곳곳을 채운 소재와 구성품 들은 특정한 시기에 특정한 이유로 개발되어 제각기 다른 발명의 역사, 적응의 역사를 써내려왔다. 이번 장에서는 오늘날 당연시되는 냉장고의 특징과 구성 요소 들이 어떻게 탄생했고 그로 인해 냉장고가 어떻게 바뀌었는지를 살펴볼 것이다.

세상이 열광한, 선반을 단 냉장고 문

21세기를 사는 우리에게는 냉장고 문에 설치된 선반이 지극히 당연하게 보인다. 그래서 1930년대에 이 기능이 처음 도입되었을 때 얼마나 큰 반향이 일었는지 여간해서는 짐작이 가지 않는다. 초창기 가정용 냉장고의 문은 단열성을 확보하기 위해 매우 두껍고 견고하게 만들어졌다. 처음에 문의 용도는 냉기를 가두고 식자재를 넣고 꺼내는 출입구 그 이상도 이하도 아니었다. 그러다 1930년대 초, 냉장고의 좁은 저장 공간을 두고 고민하던 콘스턴스 웨스트Constance West라는 여성이 변화를 일으켰다. 그녀는 냉장고 문에 선반을 설치하면 문제가 해결되리라 여기고 자신의 배우자이자 발명가인 제임스 웨스트James West에게 이 아이디어를 이야기했다. 이후 그녀의 남편은 이 선반에 관한 특허를 획득하고 제너럴 일렉트릭과 프리지데어를 비롯한 주요 냉장고 제조사들과 접촉했다.

그러나 대기업들은 선반을 단 냉장고 문에 전혀 관심을 보이지 않았다. 최종적으로 웨스트는 루이스 크로슬리Lewis Crosley와 파월 크로슬리 2세Powel Crosley Jr[3](크로슬리라디오 주식회사의 소유주였던 두 사람은 라디오와 자동차 사업으로 더 잘 알려져 있다)를 만났다. 그 무렵 냉장고 산업에 막 발을 들인 크로슬리 형제는 새로운 유형의 냉장고 문에서 성공 가능성을 엿보고 그에게서 특허를 사들였다. 하지만 신제품 출하일이 이미 정해진 상태여서 냉장

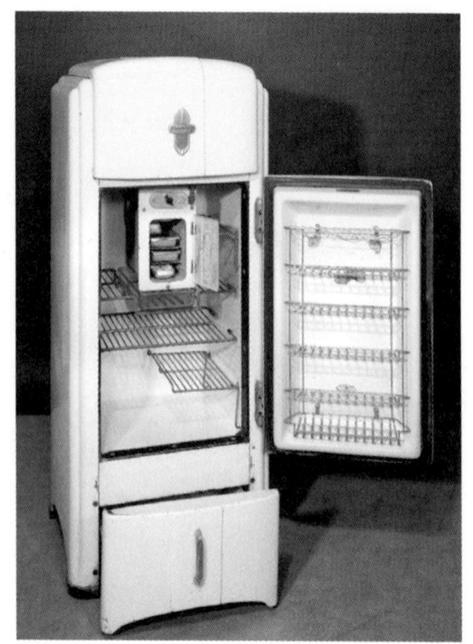

• 드 라 베르뉴 냉각기 회사의 카탈로그에 수록된 삽화로, 당시 냉장고 케이스에 단열층이 얼마나 많았는지 보여준다.

•• 1930년대에 생산된 크로슬리의 셸바도르 냉장고. 냉장고 역사상 최초로 문 안쪽에 선반을 장착한 제품이다.

고 문을 처음부터 다시 디자인할 여유는 없었다. 이에 크로슬리사의 기술 팀은 선반을 안쪽에 달 수 있게 문의 모양새를 적당히 바꾸었다. 셸바도르Shelvador로 명명된 이 신형 냉장고는 1933년 2월에 출시되어 곧 베스트셀러에 등극했다.[4] 소비자들의 폭발적인 반응에 크로슬리사는 라디오 제조 라인의 작업자들을 냉장고 쪽으로 돌려 수요를 맞추려 했다. 크로슬리 형제가 웨스트에게 사들인 특허권은 1953년까지 지속되었다. 즉 그때까지 다른 업체들은 냉장고 문 내벽에 선반을 달 수 없었다. 간혹 특허권을 피해 셸바도르처럼 매력적인 제품을 만들려는 기업(어떤 업체는 냉장고 안에 선반이 달린 내문을 추가하기도 했다)이 있었지만, 결국 모두 실패하고 말았다.[5] 셸바도르 냉장고가 처음 출시되고 이듬해 《파퓰러 메카닉스*Popular Mechanics*》에 실린 한 광고는 "온 나라의 화젯거리"가 된 이 제품의 영향력을 이야기했다. 이 광고는 셸바도르만큼 주부들이 "열광"하는 제품이 없다면서 크로슬리사의 냉장고가 크기는 같지만 문에 선반이 없는 제품보다 "사용 공간이 50퍼센트가량 더 넓다"고 설명했다.[6] 또 다른 광고에서는 시어머니와 며느리의 대화 장면이 나왔다. 시어머니가 "우리 집에서는 음료수를 문 뒤에 보관한단다"라고 하자 며느리는 놀란 표정으로 이렇게 말했다.

"어머니를 따라서 부엌으로 갔더니 대뜸 냉장고 문을 여시는 거 아니겠어요. 그게 바로 어머니가 말씀하신 문이었어요. 거기에 차가운 음료수 병과 여분의 먹거리가 가득 차 있더군요.

정말 놀라워요!"[7]

1930년대 들어 가전업계가 가정용 냉장고 시장의 미래를 낙관하면서 냉장고에는 새롭게 향상된 기능이 계속 추가되었다. 물론 그 목적은 소비자의 구매를 촉진하는 데 있었다. 하지만 모든 신기능이 문 내벽의 선반만큼 유용하지는 않았고 그 중 많은 수가 시간이 지나면서 모습을 감추었다. 때로는 구매자 입장에서 그 쓰임새가 썩 와닿지 않는 것도 있었다. 그렇게 소비자의 욕구에 부합하지 않는 새로운 기능은 냉장고 판매에도 별 도움이 되지 않았다. 1950년대에 프리지데어는 "눈 깜짝할 사이에 쏟아지는 얼음 샤워"라는 홍보 문구를 내걸고 얼음틀에서 자동으로 각 얼음을 떼어내는 '얼음 배출기Ice Ejector'와 이 기능을 내장한 제품들을 광고했다. 또 필코는 1960년에 출시된 신제품을 "단 한 번의 스위치 조작"만으로 냉동실이 냉장실로 전환되는 세계 최초의 냉동·냉장 결합형 제품이라고 광고했다.[8] 그러나 이런 기능 중 어떤 것도 냉장고 기본 사양으로 자리 잡을 만큼 큰 사랑을 받지는 못했다. 1930년대에 "세 방향으로 움직이는 손잡이"를 특장점으로 내세웠던 한 냉장고 역시 결말은 비슷했다. 회사에서는 이 제품을 양손에 물건을 든 상태로도 문을 열 수 있는 기능을 갖추었다고 열정적으로 홍보했지만 당시에 매장을 찾은 여성 고객에게는 그런 장점이 별다르게 느껴지지 않은 것 같았다.[9]

혹시 그 여성 고객에게는 이미 페달을 장착한 냉장고가 있었던 것이 아닐까? 그 무렵 제너럴 일렉트릭이 출시한 모니터 톱 계열의 냉장고 중에는 페달을 밟아 문을 여는 제품이 있었는데, 얼핏 듣기에는 아주 좋은 발상 같다. 하지만 문이 벌컥 열리며 무릎을 가격하는 단점 때문에 모니터 톱 냉장고는 '무릎 파괴범knee buster'이라는 씁쓸한 별명을 얻기도 했다.[10] 때로는 새로 추가된 기능이 실제 쓰임새에 비해 더 큰 문제를 일으키는 경우도 있었다. 1940년대에 제너럴 일렉트릭은 회전식 선반(예전 사용자들은 이 기능을 언급하자 반가워했고 오늘날 냉장고 마니아들은 이것을 일종의 킬러 앱killer app*으로 평가했다)을 탑재한 냉장고를 얼마간 생산한 적이 있다. 냉장고의 내용물을 손쉽게 꺼내도록 선반에 회전 기능을 더한 제품으로, 이는 여전히 특허를 유지하던 셸바도르식 선반의 대안이었을 것이다. 제너럴 일렉트릭은 1948년 광고에서 "가볍게 손목을 굽히는 동작"만으로 "모든 음식이 손에 닿는다"며 신제품의 매력을 소개했다.[11] 회전식 선반은 실제로 꽤 유용했지만 냉장고 시장에서 사라지고 말았다. 어린아이들이 선반을 빨리 돌리는 바람에 병이나 단지가 넘어지는 문제가 빈발했기 때문이다.[12]

과거에 냉장고 제조사들은 새로운 기능을 적용한 곳에 특별한 이름을 붙이고 자사 로고를 함께 새겨 넣곤 했다. 일례로 셸바도르 냉장고에는 기존 제품들보다 식자재를 많이 저장할

* 등장과 동시에 경쟁 상품들을 몰아내고 시장을 장악할 만큼 인기 있는 서비스 또는 상품.

• 보관 공간을 다양하게 갖춘 냉장고. 채소 보관실CRISPER과 유제품DAIRY PRODUCE이라는 글자 표시가 특히 눈에 띈다.

• 크림색 요소 수지로 제작된 물통으로 켈비네이터의 상표인 투구 쓴 사람 이미지가 선명하다.

수 있는 '셸바빈Shelvabin'이라는 공간이 있었고, 프레스트콜드 냉장고에는 밀폐성을 강조한 '프레스타록Prestalock' 문이 달려 있었다. 지금도 가전업체들은 채소 보관실, 냉기 손실을 최소화하기 위한 이중문, 음료 및 얼음 토출구 등 다양한 기능을 갖춘 냉장고를 생산하고 있다. 이는 빅토리아 시대부터 오늘날까지 계속된 여러 주방용품에 대한 관심을 반영한 것이지만, 대개는 거의 쓰이지 않는다.

가정용 냉장고에 아직 적용되지 않은 대표적인 기능은 안이 들여다보이는 진열창인데, 냉장고 내부에서 흥미로운 변화가 일어나지 않는다는 점이 큰 이유를 차지한다. 실제로 그 안에서 발생하는 현상은 전혀 볼거리가 못 된다. 냉장고에 저장된 음식은 엄밀히 말하면 매우 느리게 썩어가는 상태라 할 수 있는데, 과연 그런 모습을 일부러 구경하려는 사람이 있을까? 게다가 이 기능은 실용성도 높지 않다. 견고하게 설계된 문에 창을 낼 경우 오히려 에너지 효율이 떨어지고 저온 보관실 온도가 높아지며 빛이 투과되어 식자재가 더 빨리 변질할 수도 있다. 또 미관상으로도 냉장고의 내용물들이 정리되지 않은 채 내내 밖으로 보이는 상태가 좋다고는 말하기 어렵다. 하지만 개중에는 그런 단점을 모두 보완하며 새로운 미래를 만들어가는 기업들도 있다. 현재 이들의 최대 관심사는 손을 대면 투명하게 변하는 '매직글라스'나 액정 유리창을 활용하는 방법이다.[13]

냉장고에 '창문'이 없다는 사실은 때때로 우리에게 큰 웃음을 주기도 한다. 몇 년 전 남아프리카 공화국에서 전파를 탄 한 공익광고에는 부엌에서 음식 위치가 표시된 냉장고 지도를 열심히 들여다보는 남자가 등장했다. 그는 냉장고 문을 닫아둔 채 춤을 추듯 이곳저곳으로 손을 뻗는 연습을 했다. 식재료를 빨리 꺼내어 전력 낭비를 최소화하기 위해서였다. 그런데 그다음에 어벙한 모습으로 나타난 그의 아들은 냉장고 문을 활짝 열고 무얼 먹을지 한참을 고민하며 아버지의 노력을 헛수고로 만들었다.[14]

오늘날의 가정용 냉장고는 여타 가전제품과 마찬가지로 기계적인 구조나 부품을 겉으로 잘 드러내지 않는다.[15] 냉장고의 심장과 동맥 역할을 하는 모터와 냉각 코일은 대개 기기 뒷면에 감춘다. 결국 구매자는 미니 냉장고의 냉동칸이나 밖으로 일부만 노출된 냉각 파이프를 제외하면 복잡한 기계 부품을 볼 일이 거의 없기에 자연히 제품의 마감과 기능적인 부분에 초점을 맞추게 된다. 사실 사용자를 위해서나 마케팅을 위해서는 내부 구동계와 순환 장치를 감추는 것이 옳은 선택이었다. 이는 초기의 가정용 냉장고 디자인이 기계적인 요소와는 전혀 무관한 구식 아이스박스를 꼭 닮았다는 데서도 미루어 알 수 있다. 당시로서는 소비자들에게 익숙한 모양을 갖출 필요가 있었기 때문이다.[16]

변함없는 영롱한 하얀색의 깨끗함

흥미롭게도 가정용 냉장고가 지난 100여 년간 겪은 진화 과정은 제조 소재의 변천사이자 소비자가 접하는 감촉과 맛, 소리, 냄새의 변천사이기도 했다. 업계 초창기에는 냉장고의 외장재를 강조하는 광고가 많았다. 처음 몇 년간은 외장재로 매끄럽게 윤을 낸 목재가 주로 쓰였지만 1926년에 프리지데어가 강철을 활용하기 시작하면서 이 분야에 일대 변화가 일었다. 그 뒤 오래 지나지 않아서 자동차 도료로 유명했던 화학업계의 거인 듀폰이 수개월에 걸친 개발 작업 끝에 '듀럭스' 에나멜 페인트를 이용한 냉장고용 마감재를 출시했다.[17]

제품 표면에 멋진 광택을 입히고 내구성까지 한층 높인 이 도료는 냉장고의 촉감을 바꾸는 동시에 깨끗하고 위생적인 인상을 더해주었다.[18] 시각적인 면에서도 냉장고에는 따뜻한 느낌을 주는 나무 외장재보다 도자기처럼 반짝이는 에나멜 마감이 더 잘 어울렸다. 듀폰은 신제품 개발 과정에서 도료를 칠한 시험용 금속판을 수없이 구부리고 때리면서 도막이 벗겨지거나 깨지는지 확인하며 "몇 달간 철저하고도 고된 성능 시험"을 진행했다. 이 마감재는 "표면의 부식, 긁힘, 갈라짐을 비롯해 식용유와 각종 기름, 과일의 유기산, 가정용 가스, 습기, 햇빛, 비누나 세탁 세제 같은 염기성 물질의 공격"을 잘 견디도록 만들어졌다. 당시 시험에 쓰인 금속판 표면에 매일같이 버터와 유지류를 바르는 "지방질 노출 검사"를 시행했지만 오염물을 닦아낸 뒤에는 "변함없이 영롱한 하얀색"을 드러냈다.[19] 그 뒤 1936년까지 듀폰의 듀럭스 페인트가 마감재로 쓰인 냉장고는 300만 대에 달했다.[20]

소재의 변화는 냉장고 안에서도 일어났다. 한때는 내장재로 에나멜 도료를 칠한 금속류가 주를 이루었지만, 요즘에는 내벽 재료로 대부분 플라스틱을 쓰고 선반을 만드는 용도로는 금속과 유리, 플라스틱을 함께 사용한다. 1920년대 이래로 냉장고 안에는 음식물 보관을 위한 파생 상품들이 계속 늘어났다. 셀로판 포장지, 폴리염화비닐 소재로 만든 랩, 타파웨어Tupperware 플라스틱 용기와 파이렉스Pyrex 유리 용기 같은 신소재와 신상품 들은 냉장고 내부의 풍경을 새롭게 하는 동시에 먹거리의 보관 방식과 맛까지도 바꾸어놓았다.[21] 오늘날은 냉장고 문을 열어도 그 안에서 특별한 냄새를 맡기 어렵다. 곳곳이 깨끗하고 거의 냄새가 나지 않는 플라스틱으로 차 있기 때문이다. 반면에 옛날에는 유리 접시에 든 음식을 아무 조치 없이 냉장고 선반에 올려두는 일이 비일비재했다. 그래서 고기와 생선, 푸딩, 샐러드, 단지에 담은 우유 등이 냉장실 공기에 그대로 노출되어 다른 음식 냄새를 흡수하는 문제가 끊이지 않았다. 하지만 그 뒤로 새로운 소재와 용기가 등장하면서 우리는 각 음식물을 개별 보관할 수 있게 되었고, 결과적으로 냉장고 안의 식품들이 온갖 냄새를 빨아들이거나 오염되는 일도 현저하게 줄어

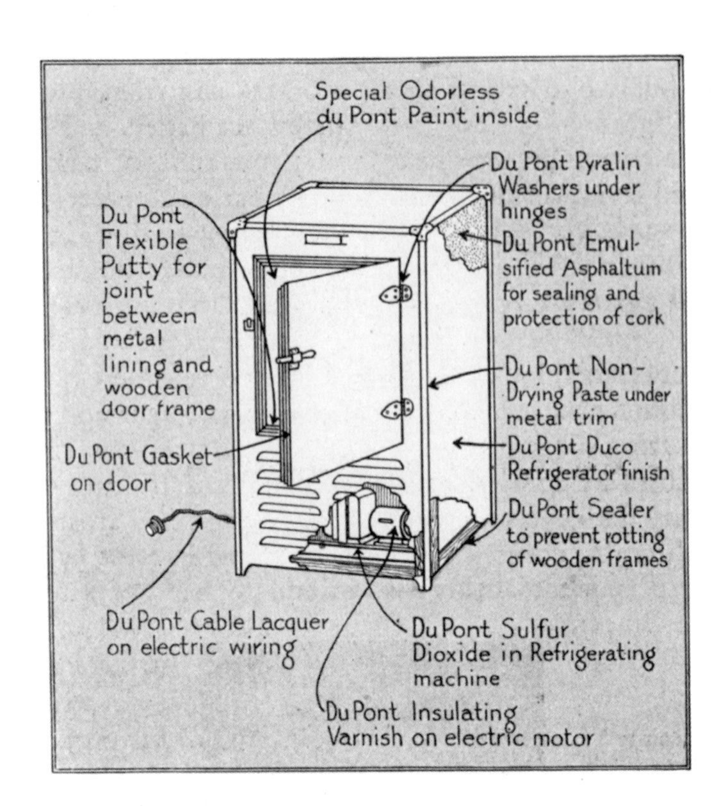
Special Odorless
du Pont Paint inside
Du Pont Pyralin
Washers under
hinges
Du Pont
Flexible
Putty for
joint
between
metal
lining and
wooden
door frame
Du Pont Emul-
sified Asphaltum
for sealing and
protection of cork
Du Pont Non-
Drying Paste under
metal trim
Du Pont Gasket
on door
Du Pont Duco
Refrigerator finish
Du Pont Sealer
to prevent rotting
of wooden frames
Du Pont Cable Lacquer
on electric wiring
Du Pont Sulfur
Dioxide in Refrigerating
machine
Du Pont Insulating
Varnish on electric motor

As appeared in Woman's Own

You can Christmas shop for nearly everybody at a Tupperware party.

Even dad and the children.

Clever Tupperware containers make the Christmas season a holiday *you* can enjoy too! With Tupperware you can cook ahead and store perfectly. Keep left-overs for meals later on. All fresh and handy in Tupperware. And that's why Tupperware containers make such marvellous gifts for the ladies on your list too.

And now, Tupperware Toys.
Educational, hygienic toys your children will love. "Build-o-Fun" . . . a creative construction kit. They have fun building their own, sturdy toys. "Snapics" . . . brightly coloured plastic shapes that press

into their own special mat to make imaginative pictures. And because all things carry the Tupperware name, you know their design and quality are really good. Trust Tupperware to make Christmas shopping fun at a friendly Tupperware Party. To find out more, get in touch with your Tupperware Distributor . . . the number's in the book. Or, write to us for a free copy of "Party Time".

The Tupperware Company, Tupperware House, 43 Upper Grosvenor Street, London, W.1.

· 1929년 《듀폰 매거진*DuPont Magazine*》에 실렸던 이 삽화에서도 알 수 있듯이 듀폰사는 냉장고용 특수 소재와 구성품 들을 많이 개발했다.

·· 1950년대에 프레스트콜드가 생산한 일체형 모터·압축기 냉각 유닛. 완제품에서 실제로 사용자에게 보이는 부분은 위쪽에 딸린 작은 냉동칸뿐이다.

··· 1960년대 초의 타파웨어 광고.

포장된 음식과 그렇지 않은 음식이 함께 들어 있던 1950년대의 냉장고 모습. 이 그림은 영국전기개발협회가 펴낸 《차가운 음식 요리술》(1960)에 실렸다.

들었다.[22] 1957년에 《파리마치》에는 이런 변화를 반영한 광고가 실렸다. 만화풍 광고 속의 여성은 만족스러운 표정으로 다음과 같이 말했다.

"저는 셀로판으로 포장된 것만 사요. 내용물이 잘 보이고 잘 보호되고 깨끗하니까요."[23]

요즘은 다양한 용기와 포장재로 미리 포장되어 나오는 식품류가 많다. 내가 사용하는 냉장고 안에만 봐도 비닐이나 플라스틱 포장 상태로 구매한 식자재가 그렇지 않은 것보다 월등히 많다. 플라스틱과 비닐에 싸여 팔리고 집에 도달해서도 여전히 포장재를 뒤집어쓴 식품들……. 이는 21세기 초 어느 냉장고에서나 으레 볼 수 있는 풍경이다. 오늘날은 꼼꼼하게 포장된 식품들처럼 냉장고 자체도 주변 환경과 사실상 격리된다. 냉장고가 단순히 냉기를 뿜어내는 찬장 수준을 벗어나 진정한 냉장고로 진화한 것은 고무 패킹과 자석 띠를 내장한 밀폐식 문을 장착하면서부터다. 이 기능이 더해지면서 냉장고는 내부 환경을 스스로 제어할 수 있는 저장 공간으로 거듭났다.[24]

영원한 숙제, 냉장고의 소리와 소음

그런데 냉장고의 수많은 특징 가운데 대다수 사용자의 관심을 끄는 것은 냄새도, 독특한 신기능도 아닌 소리였다. 냉장고는 가정의 소리 환경에 때로는 의도적으로, 때로는 예기치 않게 다양한 소음을 더했다. 여기에는 일부 제조사의 새로운 시도가 영향을 미치기도 했다. 한 예로 크로슬리의 인기 상품이었던 셸바도르 냉장고에는 아르데코풍 디자인의 라디오 수신기를 추가 선택할 수 있었다. 제품 상단의 회사 로고 대신 라디오를 장착하는 것이었다. 크로슬리는 그 외에도 다양한 신기능을 냉장고에 덧붙이며 용감하게 혹은 무모하게 모험을 감행했다. 본래 통신업과 자동차 제조를 기반으로 삼은 기업이었던 만큼 크로슬리가 두 부문을 결합시킬 것은 어느 정도 예상되는 일이었다. 안타깝게도 이 라디오 기능은 별 반향을 얻지 못한 채 사장되고 말았다.

이러한 하이브리드형 제품은 그 뒤로도 가전 시장에서 큰 인기를 얻지 못한 채 고전을 계속했다. 1970년대 중반에 프리지데어는 컨버세이션 피스Conversation Piece라는 부속 장치로 이 영역을 재차 개척하려 했다. 컨버세이션 피스는 냉동실 문에 장착하는 녹음용 라디오 카세트 플레이어로, 사용자들이 외출 시 흔히 냉장고에 붙여두는 메모지 대신 육성으로 메시지를 남기고 확인하게 하자는 취지에서 탄생했다.[25] 그러나 그 결말은 셸바도르 냉장고의 라디오와 다르지 않았다. 컨버세이션 피스는 출시한 지 얼마 되지도 않아 실패한 냉장고 액세서리 목록에 등재되는 신세가 되었다.

얼마 전 원룸 주택으로 이사한 내 친구는 자기 집 냉장고가 얼마나 다양한 소음을 내는지 깨닫고 새삼 놀랐다고 한다. 이런 소음은 아무런 규칙도 없이 제멋대로 나는 것 같지만 거기에는 다 나름의 이유가 있다. 《미국 기술의 사회사 *A Social History of American Technology*》의 저자인 루스 슈워츠 코완 Ruth Schwartz Cowan은 과거에 〈냉장고가 웅웅거리는 이유 How the Refrigerator Got its Hum〉라는 글로 냉장고의 기술적 변천사를 이야기한 바 있다. 이 글의 요지는 오늘날 사용되는 냉장고들 대다수가 기술적인 이유로 저주파 소음을 낸다는 것이었다. 이는 1920년대 미국에서 전기 모터를 사용한 냉매 '압축' 기술이 소음 없는 가스 흡수식을 누르고 시장을 장악하면서 나타난 결과였다. 이런 변화에 결정적인 영향을 미친 것은 당시 출시한 신형 냉장고에 냉매 압축 기술을 적용한 제너럴 일렉트릭이었다.[26]

그 시절의 가전제품 개발자들도 압축기를 설치했을 때 생기는 단점은 익히 알고 있었다. 알렉산더 스티븐슨이 1923년에 작성한 기술 보고서에는 냉장고 개발자들이 소음 문제로 얼마나 노심초사했는지 잘 드러나 있다. 그들은 수시로 잡음을 내는 냉장고가 동시대의 소비자들에게 결코 환영받지 못하리라고 판단했다. 그중에서도 기계 가동부의 균형이 잘 맞지 않는 제품들이 특히 심한 소음을 유발했는데, 냉장고가 진공청소기나 세탁기처럼 시끄러운 가전기기들과 다르게 성가신 취급을 받았던 까닭은 아무리 작은 소음도 귀에 거슬릴 수밖에 없는 시간대, 즉 한밤중에 불현듯 작동하는 경우가 많기 때문이

오븐과 냉장고, 식탁 어디서나 유용하게 쓸 수 있는 파이렉스 세트. 이 광고는 영국의 실내 장식 전문지인 《아이디얼 홈*Ideal Home*》 1959년 4월호에 실렸다.

었다. 물론 냉장고를 쓰다 보면 이런 문제에도 익숙해질지 모르지만, 아직 이 상황을 겪어보지 못한 예비 구매자 입장에서는 제품 구입을 아무래도 다시 생각할 수밖에 없었다.[27] 이에 제너럴 일렉트릭은 압축기에 윤활유를 주입해 소음을 경감시켰고 다른 제조사들은 냉장고 본체와 압축기를 별도의 공간에 설치하거나 진동을 줄이는 완충 장치를 추가하고, 혹은 아예 기계 가동부가 없는 가스 흡수식 구조를 택해 소음 문제를 해결하려고 했다.[28]

오늘날 냉장고는 100여 년 전 제너럴 일렉트릭의 신제품처럼 완전 밀폐형 구조에 소음이 더욱 줄어든 신형 냉매 압축기를 내장했지만 여전히 소음에서 자유롭지 못하다. 냉장고 소음에 대한 소비자들의 거부감 역시 예전과 크게 다르지 않다. 이런 상황에서 독일과 스위스를 거점으로 활동 중인 리페르Liebherr 그룹은 얼마 전 무진동 압축기를 탑재한 냉장고를 출시했다. 이 제품은 소음 레벨이 '속삭이는 소리'만큼 조용한 36데시벨에 불과하다는데, 여기에 20세기 초에 제작된 전기냉장고들의 소음 레벨을 비교해보는 것도 재미있을 것 같다. 냉장고 소음에는 앞서 언급한 내 친구 외에도 꽤 많은 사람이 관심을 두고 있다. 인터넷 검색 사이트에서 "냉장고 소음refrigerator noise"을 검색해보면 무려 4,500만 개가 넘는 검색 결과가 나온다.

몇 년 전, 트위터에서는 냉장고가 내는 여러 가지 소음을 완벽하게 정리해둔 독일 아에게사의 제품 설명서가 화제를 모았다. 이 책자는 그림과 다양한 의성어로 냉장고의 구석구석을 묘사하며 전등 스위치를 켤 때 나는 '딸깍click' 소리, 고양이가 '그르렁brrr'대는 듯한 소리, 포도주를 잔에 부을 때처럼 '꼴꼴blubb' 거리는 소리, 스팀다리미가 김을 뿜을 때 나는 '푸쉬익hiss' 소리, 어딘가에서 과자가 부서지듯 '파삭crack'거리는 소리, 파리의 날갯짓처럼 '왱왱sssrrr'대는 소리가 기기 내부와 전기 모터, 냉각 파이프, 환풍구 등에서 날 수 있다고 소개했다.

제너럴 일렉트릭도 최근 온라인 매뉴얼에 냉장고의 어느 부위에서 어떤 소리가 나는지 상세하게 밝히며 '쩌적chirping · 퍽barking · 푹woof · 휘잉howl', '꼴록꼴록gurgling', '덜컥덜컥knocking', '쉬익hissing', '치익sizzling', '타닥타닥arcing' 등 약 스무 가지에 달하는 소음이 날 수 있다고 설명했다.[29]

이렇게 소리를 구체적으로 표현하고 분석하는 것은 왠지 생소하지만, 어디선가 늘 들리는 냉장고의 웅웅거림, 또 그보다는 조금 낯선 '푸쉬익', '파삭' 같은 소음은 이미 우리 일상의 배경음처럼 자리 잡은 지 오래다. 시끄러운 도시 환경에서 이런 소리는 비행기 소음과 도심에 거주하는 동물들의 울음소리, 주거 지역의 생활 소음에 묻히기 일쑤다. 하지만 다른 소음이 없는 조용한 장소에서나 한밤중에 나는 냉장고 소리는, 일상적인 웅웅거림 혹은 언제 왜 나는지도 알 수 없는 '파삭' 소리 할 것 없이 밤이면 괜히 더 크게 느껴지는 우리의 심장박동 소리만큼이나 시끄럽게 변한다. 얼마 전 터키에서는 냉장고 소음의 원인을 밝히기 위한 학술 연구를 진행된 바 있다. 이런 시도는 너무도 익숙해 더는 새로울 것이 없는 기계라도 여전히 그 이면에는 신비하고 난해한 요소들이 존재함을 시사한다.[30]

제6장 음식 혁명

과거의 많은 영국 가정과 마찬가지로 내가 어릴 적에 우리 가족과 살던 집은 부엌이 아주 좁고 뒤편에 식료품 저장실이 있는 1920년대풍 반 단독주택semi-detached house*이었다. 당시 부엌은 정말이지 여유 공간이라고는 눈곱만큼도 없이 좁아서 최신형 냉장고를 들일 수 없었다. 그래서 역시나 그 시절의 다른 집들과 마찬가지로 우리 가족은 새로 산 냉장고를 식료품 저장실에 두었다.[1] 옛날에는 먹거리를 장기간 보관하기 위해 집마다 서늘한 식료품 저장실을 두었으나 중앙난방을 채택한 현대식 주택에는 그런 공간이 없다. 최근 지어진 아파트는 대부분 거실과 주방이 트여 있거나 붙박이 냉장고와 함께 잘 정돈된 주방 전용 공간을 갖추었지만 식품류를 보관하는 데는 선택지가 상당히 제한되어 있다. 결국 사람들은 어쩔 수 없이 냉장고에 더 많은 음식을 저장하게 되었는데, 한참을 그러다 보니 이제는 그 안에 넣어야 하는 것과 그럴 필요가 없는 것이 무

* 단독주택 두 채가 벽을 사이에 두고 붙어 있는 구조로, 영국과 캐나다, 호주 등지에서 흔히 볼 수 있다.

엇인지조차 잊어버릴 정도가 되었다.

냉장고는 우리 인류의 일상을 말 그대로 송두리째 바꿔버렸다. 지난 150여 년간 저온 유통 체계 덕분에 식품류를 냉장·냉동 상태로 수송·거래하고 가정에서 오래 보관할 수 있게 되면서 현대인의 음식 소비 습관과 식생활, 요리법 등은 과거와 비교해 몰라볼 정도로 달라졌다. 특히 우리가 먹는 음식의 종류와 식습관이 변화하는 데에는 지금까지 등장한 어떤 주방기기보다도 냉장고가 큰 영향을 미쳤다. 이 문명의 이기 덕분에 인간은 제철 여부와 상관없이 수많은 농수산물을 맛보고 이용하는 사상 초유의 능력을 손에 넣었다.

다른 한편으로는 그로 인해 많은 현대인이 먹거리를 키워내는 방법을 잊고 그 근원과도 멀어진 채 농수산물의 주기적인 성장·수확·가공이라는 일련의 흐름과 점점 더 단절되어 살아가고 있다. 오늘날 냉장고는 먹을 것을 저장하고 요리하고 소비하는 도구로서, 계절에 따라 농사를 짓고 물고기를 잡던 인류의 유구한 습성을 1년 내내 먹을 것을 모으고 소비하는 습성으로 바꾸어놓았다. 또한 1년에 걸친 기나긴 수확 과정을 매일, 매주 음식을 사고 저장하는 방식으로 대체하는 데 지대한 영향을 미쳤다.[2] 일례로 20세기 초 미국에서 나타난 교외화 현상도 자동차와 함께 냉장고가 광범위하게 보급되지 않았다면, 또 그 둘 사이에 먹거리 쇼핑과 소비를 가능케 한 공생 관계가 형성되지 않았다면 애초에 불가능한 이야기였을 것이다.[3] 그

뿐 아니라 저온 유통 체계와 냉장고는 우리가 사는 세상의 풍경까지 바꾸어버렸다. 물자를 수송하는 데 필요한 자연 하천도 없고 물이나 식량의 공급원과도 멀리 떨어진 사막 도시 라스베이거스처럼, 예전 같으면 상상할 수도 없고 유지도 불가능한 도시들을 현실로 만들어낸 것이다.

우리가 선택할 수 있는 식품의 종류 역시 냉장고 덕분에 대폭 늘어났다. 현재 우리는 옛 사람들이 본다면 당혹스러워할 만큼 이국적이고 다양한 먹거리들을 매일 아무렇지 않게 소비한다. 가령 바나나만 해도 20세기 전까지는 유럽에 거의 알려지지 않은 과일이었다. 이 과일이 유럽에 처음으로 대량 유입된 때는 파이프스사Fyffes Company가 냉장 수송선을 운항하기 시작한 1901년이다. 파이프스사는 그해 영국에 바나나를 유통시키고 1905년에는 노르웨이에도 이 열대 과일을 수출했다.[4] 20세기 중반에 이르러 영국에서는 딸기와 라즈베리, 완두콩을 비롯한 "온갖 계절 과일과 채소 들을 한겨울에도 완벽하게 냉동된 상태"로 살 수 있게 되었다.[5] 그리고 20세기의 냉장고는 점차 제철을 잊고 "지구상에 존재하는 과일들"과 "자연의 풍요로움"을 전시하는 저장소로 변해갔다.[6]

역사학 교수이자 작가인 조너선 리스Jonathan Rees가 지적했듯이 수많은 식품 보존 방법 가운데 맛을 변화시키지 않는 것은 오직 냉각 기술뿐이다.[7] 하지만 냉장고는 인류에게 음식 맛을 그대로 지키는 법을 알려준 대신 전통 방식으로 보존되던 먹

BRITISH
QUICK FROZEN FOOD
BIRDS EYE FOODS LTD.
C.R.S.

• 제2차 세계대전 이후 영국에서는 1945년 브리스틀의 에이번모스 항구를 통해 바나나 수입이 재개되었다. 이 소식은 당시 주요 신문에서 제1면 기사로 다루어졌다.

•• 20세기 중엽 영국 국유 철도의 화물 컨테이너에 버즈아이Birds Eye 냉동식품을 싣는 모습. "급속 냉동식품QUICK FROZEN FOOD", "도착 전까지 개봉 금지not to be opened until arrival" 같은 안내 문구가 눈길을 끈다.

••• 1943년 미국 캘리포니아의 한 포장 공장에서 직원이 오렌지 상자를 냉장차에 싣는 모습.

거리들을 과거의 유물로 만들어버렸다. 요즘 사람들은 훈제 생선과 피클, 체더치즈 따위를 별생각 없이 냉장고에 넣어두지만, 이런 음식은 애초에 냉장 보관할 필요가 없다. 만약 냉장고가 더 일찍 발명되었다면 베이컨, 체더치즈, 훈제 청어, 건포도, 잼처럼 우리가 익히 아는 보존식품은 아예 세상에 등장하지 않았을지도 모른다.[8] 한편 나날이 높아진 냉장고의 인기는 요거트(상품화의 시초는 1960년대에 출시된 스키Ski 요거트였다)부터 즉석 냉동식품까지 기기의 특성에 걸맞은 새로운 음식들을 탄생시켰다. 영국에서는 얼린 아스파라거스를 시작으로 냉동식품의 대표 격인 피시핑거fish finger*, 다채로운 냉동 과일과 채소류, 그리고 아이스크림이 등장했다. 피시핑거는 미국의 발명가인 클래런스 버즈아이Clarence Birdseye가 1927년에 영국에서 특허를 취득한 가공식품으로, 1955년에 그가 설립한 냉동식품 회사인 버즈아이Birds Eye의 그레이트야머스 공장에서 처음 생산되었다. 원래 회사에서는 '튀김옷을 입은 대구살battered Cod Pieces'을 상품명으로 고려했지만 더 좋은 이름을 찾기 위한 사내 투표에서 최종적으로 피시핑거가 채택되었다.

* 길쭉하게 토막 낸 생선살에 밀가루 반죽을 입혀 튀긴 음식.

냉장고·슈퍼마켓·전자레인지의 조합

1970년대 후반에는 당시 새롭게 떠오른 가정 요리의 삼위일체, 즉 슈퍼마켓과 냉장고, 전자레인지 덕분에 주부들의 장보기 목록에서 냉장·냉동식품이 차지하는 비중이 매우 커졌다. 이런 변화는 직장 여성들(과 일부 남성들)이 집안일과 회사일 사이에서 적절한 균형을 유지하는 데 보탬이 되었다. 각종 잡지와 광고 들 역시 식자재가 동나거나 괜히 음식을 버리는 일이 없도록 과일과 채소를 미리 냉동 보관하라며 주부들을 부추겼다. 영국의 전력위원회는 "특정 식자재가 풍부한 시기에는 얼려서 보관"하고 "그것이 귀해졌을 때 소비"하면 제철이 아닌 "12월에 라즈베리"를, "6월에는 꿩고기*"를 먹을 수도 있다고 선전했다.[9] 그 무렵 영국에서는 비잼Bejam, 세인즈버리스Sainsbury's, 아이스랜드Iceland 같은 유통업체들이 냉장·냉동 진열장을 갖춘 슈퍼마켓 사업을 확장하며 유명 브랜드로 거듭났다. 그렇게 냉장고를 대대적으로 들이기 전까지 세인즈버리스는 지하의 신선식품 매장에서 "이탈리아인 배달부들이 가져온 얼음"을 썼는데, 당시의 변화상은 1960년대에 근무했던 직원들의 기억 속에 아직도 생생하게 남아 있다.[10] 다시 그보다 조금 더 앞선 1950년대 후반을 살펴보면 영국 주부들이 정육점

* 영국에서는 꿩고기를 사냥철인 가을과 겨울에 주로 소비한다.

과 식료품점을 찾은 횟수는 각각 주당 평균 3.3회와 7.6회로 결코 적지 않았다.[11] 제2차 세계대전과 전시 배급제가 끝나고 소비 붐이 일면서 각지의 소규모 정육점들은 점점 더 바빠졌다. 밥 딕슨Bob Dixon이라는 남성은 영국 남부의 본머스에서 가족이 함께 운영하던 정육점 사업이 1950년대에 호황기를 맞았다고 기억했다. 당시 그들은 교외 지역에 새로 낸 점포에 "돈을 아끼지 않았다"면서 가게 앞쪽에 "커다란 냉장고"를 세워두었다고 한다.[12]

냉장·냉동식품 제조사와 가전업체 들은 상품을 판촉하기 위해 서로 손을 잡기도 했다. 미국의 냉동식품 회사인 버즈아이는 프레스트콜드와 프리지데어에 자사 식품의 홍보용 냉장고 케이스를 생산해달라고 요청했다. 그리고 그 냉장고가 배치된 가게에만 버즈아이 상품을 공급하겠다고 약속했다.[13] 하지만 이런 변화를 모두가 환영한 것은 아니었다. 개중에는 '최신 유행'이 된 간편식을 의심스러운 눈으로 보거나 반감을 표하는 이들도 있었다. 1953년 냉동식품에 관한 매스 옵저베이션의 조사에서 예순 살이 넘은 한 응답자는 이렇게 말했다.

"나이가 들어서 그런지 요즘 나오는 음식들은 통 입에 맞질 않더군요."[14]

또 오언 부인이라고 이름을 밝힌 한 여성은 그 무렵 새롭게 등장한 음식들을 좋아하지 않는다고 대답했다.

"제 딸이 별 희한한 걸 만들어 먹던데 저는 그런 걸 좋아하

1957년 영국 맨체스터의 식료품 잡화상 피터 헤비콘Peter Hevicon과 당시 그의 가게에서 판매하던 수많은 통조림 및 피클류를 찍은 사진.

지 않아요. 카레나 피자 같은 거요. 요거트 같은 것도 저한테는 안 맞는 것 같아요."

그녀는 요거트를 언급하며 "독극물"이라는 단어까지 꺼냈다.[15] 20세기 초중반에 서구 가정에는 식료품 배달 주문 시에 사용하는 구매 목록표가 구비되어 있었다. 이 표를 보면 당시 주문품 가운데 아이스박스나 냉장고에 보관해야 하는 신선 식품이 얼마나 적었는지 알 수 있다. 거기에는 치즈, 라드유, 타피오카, 한천 가루, 건포도 등이 포함되었는데 냉장고가 없는 가정에서는 이런 식료품을 보관하기 위해 다양한 공간을 활용했다. 매스 옵저베이션은 1943년도 주거 환경 조사에서 전원주택에 거주하는 한 가족의 식품 보관법에 주목했다. 그들은 고기와 파이를 주방 밖에 마련된 육류 저장고에 넣고 우유병과 양상추는 창턱, 빵과 치즈처럼 마른 음식은 부엌 서랍장, 과일 절임과 잼 종류는 찬장, 그리고 피클 소스와 후추 같은 조미료는 화로 옆 선반에 올려두었다.[16]

이런 모습은 21세기 서민 가정의 장바구니 사정과 극명한 대조를 이룬다. 2015년에 영국통계청이 조사한 주부들의 장보기 목록에는 온갖 육류, 생선, 유제품, 냉동식품과 즉석식품류가 가득했다. 모두 60년 전이었다면 보관하는 데 꽤 애를 먹었을 것들이었다. 인간의 삶은 20세기 후반 들어 슈퍼마켓 산업이 성장하고 일일 장보기 대신 주 단위로 장보는 습관이 정착되면서 한층 더 편리해졌다. 레슬리 가너Lesley Garner는 1979년에 《굿 하우스키핑》에 기고한 글에서 이 잡지가 1947년에 제시한 집안일 루틴을 따라 해보니 너무도 힘들었다며 다음과 같이 의문을 표했다.

"대체 왜 그 시절에는 매일 오후 아이들을 돌보고, 장을 보고, 온갖 물건을 수선하고, 정원을 가꾸는 일 따위를 죄다 주부 혼자 할 일이라고 여겼던 걸까?"[17]

요즘은 "일주일 단위의 슈퍼마켓 쇼핑" 풍경도 점차 사라지는 추세다.[18] 이제 사람들은 몇 주에 한 번 정도만 대형 매장을 들르고 그 외에는 다양한 유형의 상점들을 더 자주 찾고 있다. 이런 변화를 일으킨 요인으로는 온라인 쇼핑의 성장, 집밥의 재유행, 할인품을 찾는 구매자들의 심리, 대형 상점에 대한 선호도 하락 등을 꼽을 수 있다.

한편 우리 인간이 타고난 수집하고 쌓아두는 성향은 냉장고의 특성과 결합하면서 새로운 문제를 낳았다. 냉장고의 식품 보존 능력을 잘못 이해하고 오용함으로써 낭비가 발생한 것이다.[19] 사람들은 지갑이 풍족할 때면 종종 집에 있는 묵은 식재료를 내버려두고 상점에 들러 새로운 먹거리를 사들이곤 한다. "낭비가 없으면 부족한 것도 없다"라는 옛 격언은 다들 잊어버린 지 오래다. 대체 왜 우리는 냉장고 안에 그렇게나 많은 음식을 채워 넣는 것일까? 보통 냉장고 안을 뒤져보면 저 뒤편에 언제 넣었는지 기억도 나지 않는 음식, 제대로 먹은 적도 없는데 안타깝게도 상해버린 음식들이 발견되기 십상이다. 이처럼 먹을 것을 모아두는 인간의 습성은 우리가 '냉장고'라고 하면 꼭 있어야 한다고 생각하는 기본 식자재의 이미지와 더불어 특정 먹거리의 유행으로도 촉진된다. 음식 칼럼니스트인 로즈 프린스Rose Prince는 저서에서 이렇게 밝혔다.

"나는 이른바 '잘나가는 사람들처럼 먹기aspirational greed 증후군'에 빠져 있다. 장을 볼 때 우리 집에 필요해서가 아니라 우리 가족도 꼭 먹어보아야 한다는 생각으로 무언가를 산다."[20]

이처럼 낭비를 유발하는 속성 이외에 우리가 또 주목해야 할 것은 냉장고 속 먹거리들이 전달하는 사회·문화적인 의미다. 몇 년 전 발표된 한 기사에 의하면, 모든 소비자가 공통으로 구매하는 식료품이 존재하지만 냉장고에 보관하는 그 밖의 먹거리는 각자의 사회적 지위에 따라 달라진다고 한다. 투자 전문가로 세계 각국의 냉장고 사정을 깊이 들여다본 태소스 스타소풀로스Tassos Stassopoulos는 우리의 "사고방식과 욕망"이 냉장고에 고스란히 반영된다고 설명했다.[21] 냉장고를 처음 구매한 이들은 대개 그 안에 요리 재료와 먹다 남은 음식들을 보관한다. 그러다 차츰 중산층에 가까워지면 어느 국가나 문화권 할 것 없이 다들 달달한 향료가 첨가된 우유나 잼처럼 탐닉적인 음식을 사들인다. 그보다 부유한 가정에서는 어느 계층보다도 건강식품을 많이 보관하는 경향이 나타난다.[22]

냉장고 속 먹거리는 지역에 따라 다른 생활양식과 사고방식도 함께 반영한다. 가령 브라질의 상파울루에서는 일반적으로 냉장고에 가공식품을 많이 보관하는 편이다. 또 케냐의 나이로비에서 교사로 일하며 냉장고를 구입한 피오나 톰린슨Fiona Tomlinson은 전기가 공급되지 않아 제철 식재료만 활용했던 고향에서의 삶과 비교하면 사치라고 할 만큼 새롭고 다양한 음식을 맛보게 되었다.[23] 한편 북인도에 사는 한 주부에게 냉장고는 아직 이루지 못한 꿈으로 남아 있다. 식자재를 보관할 곳이 없어 하루에 세 번씩 시장을 찾아야 하는 그녀로서는 끼니를 준비할 때마다 늘 '시간이 부족'하다. 만약 그녀가 냉장고를 마련한다면 식사를 준비하는 시간도 줄어들고 이 가정의 재정에도 큰 변화가 생길 것이다.[24] 사실 사회적 지위나 문화에 따른 이런 차이는 딱히 새로운 것도 아니다. 1940년대에 방영된 만화 〈톰과 제리〉에도 간간이 등장하듯이 당시 부잣집 냉장고 안에는 제리가 호시탐탐 노리는 거대한 치즈와 함께 고급스러운 젤리나 디저트 따위가 가득했다.

냉장고 사용 방식과 식습관에 얽힌 심리

어느 때보다 먹을 것을 '소비'하는 데 몰두하는 현대인은 조상들이 지켜온 음식 관련 지식과 상식 들을 점점 잃어가고 있다. 세대와 세대 간에 전수된 병조림 제조법과 각종 식품 염장법, 건조법 등은 이제 꽤 낯선 것이 되었다. 한때는 모두 당대

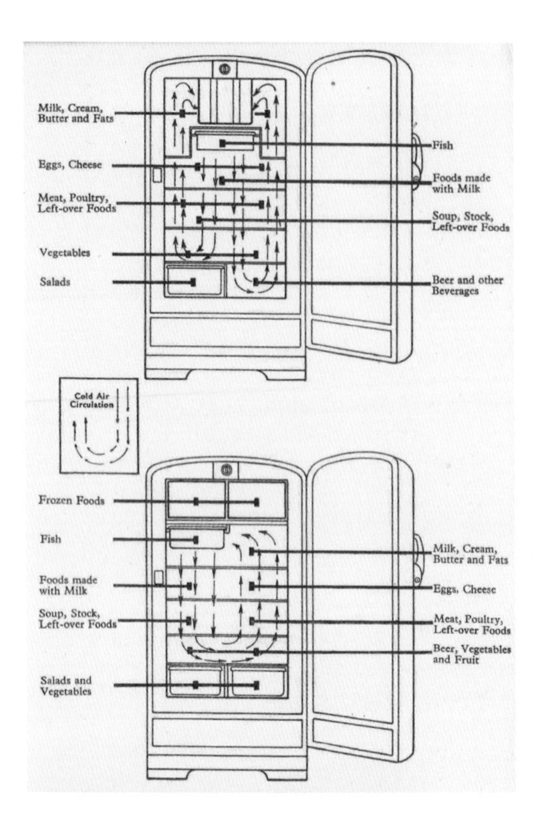

• 《차가운 음식 요리술》(1960)에 실린 그림으로, 냉장고 내부의 냉기 흐름과 그에 따른 식품의 최적 보관 위치가 표시되어 있다.

•• 보도 사진가인 앤 로즈너Ann Rosener가 제2차 세계대전 시기에 한 미국 가정의 냉장고 내부를 찍은 사진으로, 냉동칸 바로 옆에 육류와 우유가 보관되어 있다.

의 새로운 식품 보존 기술로 인정받으며 인기를 얻었음에도 말이다. 이런 옛 방식들은 어딘가에서 채소 절임이나 병조림을 만들어보고 냄새로 음식의 신선도를 확인하던 경험자들을 거치며, 또 음식에 관한 전문적인 기술과 지식의 공유를 통해 널리 알려졌다.[25] 냉장고는 현시대의 과학기술이 적용된 기계 장치이지만 그 안에 언제 어떻게 음식을 보관해야 하는지가 늘 명확하지는 않다. 이런 문제의 해답은 그 기준이 일상적인 경험이냐 과학 연구냐 아니면 상식이냐에 따라서 크게 달라질 수도 있다. 실제로 구글에서 "달걀을 꼭 냉장고에 보관해야 하는가?"라고 검색해보면 별의별 대답이 나온다. 현재 우리는 음식을 언제 버려야 할지 결정할 때 촉감과 겉보기, 냄새, 맛보다도 상품 포장에 적힌 유통기한에 의지하는 경우가 적지 않다.

초창기의 냉장고 사용자들은 기온이 낮은 시기나 밤중에 기기 전원을 끄기도 하고 문 닫는 것을 잊는 등 제조사가 권장한 용례를 따르지 않을 때가 많았다. 냉장고 업체들로서는 매우 우려스러운 일이었다. 당시 제품에 딸려 나온 요리책이나 사용 설명서에는 어떤 식품을 냉장고 안 어디에 어떻게 두어야 하는지 나타낸 도식은 물론이고 음식을 조리한 뒤 냉장고에 보관할 때 포장하는 방법까지 실려 있었다. 오늘날 냉장고는 누구에게나 친숙한 기기이지만 여전히 다들 생각하는 것만큼 사용법에 익숙하지는 않다. 과연 우리 가운데 냉장고 안을 어떻게 정리할지 고민하고 제품 설명서를 처음부터 끝까지 다 읽어보는 사람이 얼마나 될까?[26]

과거에 냉장고 영업사원들의 설명과 제품 광고, 요리책, 설명서 등에서는 냉장고를 사용할 경우 먹다 남은 음식을 보관해 낭비를 줄이고 돈을 절약할 수 있다고 강조했다. 1960년과 1937년에 쓰인 아래의 글들은 그런 소개문의 전형이다.

> 프레스트콜드 냉장고는 당신에게 무한한 가치를
> 안겨줄 것입니다. 시간이 지나면 대체 그동안
> 이 냉장고 없이 어떻게 살아왔는지 당신 스스로도
> 놀라울 것입니다. 이 제품은 아침저녁, 여름과 겨울
> 할 것 없이 음식을 신선하게 지켜주고 낭비를 줄여줍니다.
> 이제 당신은 먹을 것이 상할 걱정 없이
> 더 많은 양을 더 경제적으로 구입할 수 있습니다.[27]

> 전기냉장고 없이 최신식 주방을 완성한다는 것은
> 불가능하다. 냉장고는 맥주와 와인, 단단한 버터,
> 아삭아삭한 채소, 신선한 과일, 얼음과 아이스크림처럼
> 온도가 생명인 식품들을 가장 더운 계절에도
> 필요하면 언제든지 시원하게 제공해준다.[28]

여기서 언급된 "당신"이란 누구였을까? 바로 주부였다. 당시 제품 설명서와 요리책 들은 냉장고를 다루는 인물을 늘 여성

으로 그려냈다. 그 대상이 어머니로 묘사될 경우에는 자녀들에게 우유를 내어주거나 식사를 준비하고 딸에게 냉장고 사용법을 가르치는 모습이 주로 실렸고, 가정부일 경우에는 손님을 위해 요리를 만들고 식탁을 차리는 모습이, 또 반대로 부유한 집안의 안주인을 나타낼 때는 식사와 파티 준비를 감독하는 모습이 실렸다. 그 시절에 여성은 한 가정의 음식을 지키는 문지기로 통했다. 초창기에 출시된 몇몇 제품에서 여성은 글자 그대로 냉장고 문의 열쇠를 쥔 존재였다.

그렇게 가전업체들은 처음부터 여성을 냉장고의 주요 사용자로 규정했지만, 슈퍼마켓에서 판매하는 간편식이 점점 늘면서 결국 그 문은 모두에게 개방되어 다른 가족 구성원들도 자유롭게 냉장고에 접근하게 되었다. 이런 변화는 지극히 '현대적'인 삶을 연상시키지만 실제로는 1912년부터 어느 정도 예견된 것이었다. 이후 20세기 말에 대형 가정용 냉장고가 널리 보급되고 간편식 소비가 더욱 늘면서 온 가족이 둘러앉아 함께하는 만찬 시간은 점점 더 찾아보기 어려워졌다. 식사 시간은 개인화·파편화하는 경향을 보였고 인스턴트 음식으로 끼니를 때우거나 간식을 섭취하는 경우가 많아졌다. 또 학창 시절에는 기숙사 공용 냉장고에 넣어둔 음식이 마치 모두의 것인 양 도둑맞는 일이 일종의 통과의례가 되어버렸다.

역사학자인 리지 콜링햄Lizzie Collingham이 설명하기로 20세기 후반 들어 높아진 비만율은 제2차 세계대전 이후 식량 배급제

· 〈냉장고에서 우유를 꺼내는 소년〉(1938). 당시에는 냉장고 제품 설명서에 남성 사용자의 모습이 실리는 경우가 매우 드물었다.

·· 1930년에 냉장고에서 먹을 것을 꺼내는 어린이를 찍은 이 사진에는 "놀람Surprised"이라는 제목이 붙었다.

가 끝난 것과 관계가 있다고 한다.[29] 실제로 수년간 고기와 탄수화물, 버터, 설탕을 갈망했던 전후의 베이비붐 세대 가운데 많은 수가 배급제 종료 이후 음식 섭취량을 조절하지 못했다. 비만율과 관련해 더 큰 논란을 불러일으킨 주장도 있다. 유아기에 수유 시간을 정해두고 젖을 먹인 아이들이 배고플 때 수시로 젖을 먹인 아이들보다 냉장고에 더 강하게 끌린다는 것이다. 냉장고를 사용하는 방식과 식습관이 인간의 복잡한 심리와 이토록 깊이 얽혀 있을 줄이야!

차가운 요리 발명

1960년대까지 출간된 냉장고 요리 서적은 식품과 건강에 관한 냉장고의 안전성을 알리는 동시에 냉각 기술과 이전에 보지 못한 '창의적'인 요소들을 결합해 새로운 음식을 '창조'하는 것이 목적이었다.[30] 초창기 냉장고는 아이스박스와 마찬가지로, 완성된 요리보다는 재료를 보관하는 데 주로 쓰였다. 당시에 대중이 생각하는 냉장고의 용도는 "우유와 버터, 주말에 먹을 고기를 보관하는 것" 정도에 그쳤다. 제조업체들은 그런 고정관념을 깨고 냉장고에 "훨씬 다양한 먹거리"를 보관할 수 있다고 설득해야 했다.[31] 1950년대 런던에서만 해도 "냉장고에 대체 무엇을 채워 넣어야 하느냐"고 묻는 이들이 꽤 있었다. 베스

PRICE: THREE SHILLINGS

• 《차가운 음식 요리술》(1960)의 표지로, 냉장고 안에 가지런히 정리된 다양한 먹거리가 보인다. 이 책은 큰 인기를 얻으며 1937년부터 1960년까지 아홉 차례 재판되었다.

•• 〈일요일 저녁Sunday Evening〉(1912). 뿔뿔이 흩어져 우유와 빵, 크래커를 먹는 가족을 그린 만화로, 이런 모습은 초창기 냉장고 문화의 일면이자 이후 다가올 변화를 보여주는 일종의 전조였다.

널그린 지구의 주민이자 사회학자였던 필리스 윌모트Phyllis Wilmott는 가정용 냉장고에 과연 장래성이 있는지 의문을 표했다. 그 시절에 냉장고는 성공의 상징으로 통했지만 그녀로서는 당시의 사회상에 견주어 궁금한 것이 있었다.

"앞으로 엄마들은 냉장고로 무엇을 하게 될까요? 만약 가족 구성원의 수가 예전처럼 많다면 냉장고는 분명 매일같이 사들이는 식자재로 가득 차겠죠. 하지만 요즘처럼 가족 규모가 줄어든 상황에서는 냉장고가 텅텅 비고 주부들도 식료품점을 멀리하게 되지 않을까요?"[32]

그때만 해도 여전히 말린 콩이나 우유가 주식이었으니 그녀가 냉장고의 미래를 의심한 데는 일견 타당한 면이 있었다.

판매 증진을 꾀하던 가전업체들은 냉장고를 식재료 보관용으로 알리는 데 그치지 않고 한발 더 나아가 '차가운 요리'라는 새로운 개념을 제시했다. 냉장고를 이용해 온갖 요리와 파티 음식을 만드는 새로운 요리 식문화를 전파하려 한 것이다. 냉장고 제조사들은 가정용 냉장고가 막 판매되기 시작한 1930년대부터 '차가운 요리', '냉요리' 같은 표현을 썼다. 사실 이 용어는 1903년 프랑스 요리사 오귀스트 에스코피에Auguste Escoffier가 낸 《요리의 길잡이*Le guide culinaire*》[33] 같은 책에 이미 등장한 적 있었다. 하지만 냉장고 제조업체와 관련 단체 들은 냉장고 구매 시에 생기는 이점을 알리고 제품의 매력과 위상을 높일 수 있도록 이 개념을 체계적으로 활용했다. 1930년대에 큰 인기를 얻

• 1938년 미국 조지아주의 어윈빌 농지대에 거주하는 한 여성이 냉장고를 사용하는 모습. 사진작가인 존 바숑John Vachon이 농업안정국과 전시정보국에 제공한 사진이다.

•• 20세기 중엽에 베스널그린 자치구 의회 납품용으로 생산된 G 브랜드G Brand 분유. 이 제품 하나로 7파인트(약 3.3리터) 분량의 우유를 만들 수 있다. 당시 냉장고가 없는 가정에서는 분유가 중요한 식재료였다.

었던 냉장고 제조사 노르제는 차가운 요리 시연회와 경연대회로 사람들의 이목을 끌었다. 미국의 지역 언론인《새러소타 헤럴드 트리뷴*Sarasota Herald Tribune*》의 보도에 따르면 어떤 주에는 이런 행사가 열린 노르제 냉장고 판매점에 100명 이상의 관객이 몰렸다고 한다. 당시 경연에서는 캐리 리드Carrie Reid라는 여성이 피멘토 치즈 샐러드로 1위를 차지했고 모든 출전자가 "전국 냉요리 경연대회" 출전권을 획득했다. 또 1936년에 오스트레일리아 브리즈번의 일간지인《쿠리어 메일*Courier-Mail*》은 단순히 관련 기사를 내는 수준을 넘어 "전자동 냉장고"의 발명 덕분에 "새로운 요리의 영역"이 탄생했다고 환호했다.[34] 이 신문은 냉장고를 이용해 게살 칵테일, 젤리 형태로 굳힌 토마토 부용bouillon*, 얼린 과일 샐러드를 비롯한 각양각색의 세련된 요리를 만들 수 있다고 소개했다.[35] 20세기 중반에 찰스 호프 콜드 플레임 냉장고Charles Hope Cold Flame Refrigerator를 생산한 오스트레일리아의 찰스 호프 유한회사Charles Hope Ltd는 이런 동향을 따라 파르페와 에그노그eggnog**, 프루트칵테일, 아스픽aspic***, 아이스크림 등 여러 가지 차가운 요리 제조법을 수록한 요리책 겸 제품 설명서를 제작했다.[36]

* 물에 육류·생선·채소·향신료 등을 넣고 끓인 뒤 국물만 걸러낸 맑은 육수.

** 브랜디나 럼주에 우유와 달걀 등을 섞어 만든 칵테일.

*** 고기·생선·채소·향신료 등의 재료에 젤리액을 섞어 응고한 요리.

• 《차가운 음식 요리술》(1960)에 수록된 화려한 디저트 요리들. (왼쪽부터) 살구와 사과를 넣은 과일 파이와 파르페, 살구 샤를로트 케이크, 크림 와플.

•• 콩소메와 치킨 쇼 프르와. 두 번째 요리는 익힌 닭 요리에 쇼 프르와라는 하얀 소스를 입히고 아스픽을 두른 후 냉장고에 넣어 차게 식힌 것이다. 두 가지 모두 《차가운 음식 요리술》(1960)에서 소개한 화려한 요리의 전형이다.

1930년대와 1960년대 사이에 영미권에서는 노르제와 LEC, 프레스트콜드, 트리시티, 잉글리시일렉트릭, 영국전기개발협회 등이 '차가운 요리'를 주제로 한 요리책을 냈고 독일에서는 아에게가 이들과 같은 전략을 펼쳤다.[37] 유명 생활정보지인《굿 하우스키핑》역시 이 흐름에 동참해 1950년대에 영국가스위원회와 손잡고 '차가운 요리 특집'을 펴냈다. 이런 책자에 담긴 화려한 미사여구에는 당시 기업들이 노리던 바가 뚜렷이 드러나 있었다. 단순히 당대의 입맛과 요리를 반영하는 데 그치지 않고 요리 문화의 새로운 방향을 제시하는 동시에 전율이 일 만큼 새롭고 독창적인 요리를 만들어내는 도구로써 가정용 냉장고를 홍보하는 것이었다. 이처럼 고양된 분위기는 초창기의 냉장고 요리 서적으로 1927년 브래들리가 쓴《전기냉장고를 활용한 요리법과 메뉴*Electric Refrigerator Recipes and Menus*》에 잘 나타나 있다.[38] 브래들리는 냉장고 덕분에 과거와는 확연히 다른 놀라운 요리법이 탄생하리라고 보았다.

"전기냉장고는 많은 사람에게 여전히 새롭고 낯선 물건으로, 그 가능성이 얼마나 큰지 아는 이는 거의 없다. 지금은 마치 알라딘의 요술 램프를 가지고도 문지르는 방법을 모르는 것과 같은 상황이다."[39]

이런 부류의 요리책에서 흔히 보이는 현란하고 감각적인 언어 표현은 무엇보다도 냉장고 요리 레시피의 위상이 예술이나 새로운 생활 양식 수준으로 높아지길 바라던 업계 관계자들의 기대감을 반영한 것이었다. 이 점은《차가운 음식 요리술*Cold Cookery*》이나《예술적인 냉요리 기법*Artistry in Cold Food Preparation*》[40] 같은 책 제목에서도 두드러지는데, 그중에서《예술적인 냉요리 기법》은 누구든 냉장고를 소유하면 "차가운 음식을 예술적으로 만들 수 있다"고 강조하기도 했다.[41] 결과적으로 요리에 세련된 이름을 붙이고 고급스러운 식재료를 쓰는 전략은 사람들의 호감을 사는 데 성공했다. 냉장고 요리의 위상이 높아지고 생소한 외국어 표현이 늘어날수록 "이름은 화려하지만 막상 읽어보면 아무런 정보를 얻을 수 없는" 새로운 음식들의 신비감은 더 커져갔다.[42]

당시 냉장고 요리 서적의 단골 소재는 아스픽 기법을 이용한 고급 샐러드와 고기 요리, 화려하게 장식된 푸딩과 차가운 디저트 같은 파티 음식으로, 여기에는 재료의 '신선도'를 유지하면서 눈요기도 할 수 있는 투명 젤리가 자주 쓰였다. 제너럴 일렉트릭이 발간한 요리책에는 닭고기를 다져 젤리처럼 모양을 낸 치킨 샐러드, 토마토를 채워 넣은 아스픽, 냉장·냉동 반죽으로 만든 쿠키와 빵, 차가운 전채 요리, 다양한 아이스크림과 빙과, 청량음료 등의 제조법을 수록했다.[43] 이런 냉장고 요리의 이름으로는 캘리포니아 니피 치즈, 엔젤 파르페 인 샤를로트 뤼스 컵, 바사르 데블, 비프 갤런틴, 브롱크스 칵테일, 오렌지 페코 무스, 퍼지 럭셔리 에클레르, 말라가 프루트 샐러드, 하와이안 딜라이트, 오렌지 머랭, 캔턴 프루트칵테

• 맛깔스럽게 생긴 차가운 블라망주 푸딩. 이 사진은 컬러 사진 분야를 선도했던 존 힌데John Hinde의 작품으로 1947년에 출간된 《소규모 구내식당 지침서: 현대적인 급식 계획 및 관리법The Small Canteen: *How to Plan and Operate Modern Meal Service*》에 수록되었다. 힌데는 현대 사회사를 다룬 사진과 전후 해변 지역의 일상을 담은 사진엽서로 유명하다.

일, 차이니즈 차우차우 휩, 크렘 델리시아, 커틀릿츠 인 아스픽, 에그 토드스툴, 아이스 카망베르 치즈처럼 화려하고 이색적인 것이 많았다. 물론 이 모든 요리는 냉각 기능과 저온 보관된 재료를 활용해 만들어졌고 완성 후 식탁에 나가기 전까지 계속 냉장고에 보관했다.

사치품에서 필수품으로

과거에 요리책은 아무나 가지지 못하는 호사품이었고[44] 냉장고 요리 서적은 가전업체가 냉장고 구매자에게만 나누어주는 물건이었다. 영국에서는 1963년에 출판업자인 폴 햄린Paul Hamlyn이 베테랑 요리사이자 가정학 전문가인 마르그리트 패튼Marguerite Patten과 손잡고《냉장고를 이용한 500가지 요리법*500 Recipes for Refrigerator Dishes*》을 출간하면서 상황이 크게 달라졌다.

이후 햄린과 패튼은 약 20년간 서른 권이 넘는 '500가지 요리법' 시리즈[45]를 펴내며 기존의 틀을 깼다. 이 시리즈는 고품질 사진과 삽화를 풍부하게 싣고도 경쟁서인 고급 요리 서적들보다 훨씬 싼 가격에 판매되어 중저가 요리책 분야를 활성화했다. 당시《냉장고를 이용한 500가지 요리법》의 가격은 1실링 6펜스*로 영국전기개발협회가 1960년에 낸《차가운 음식 요리술》가격의 절반도 되지 않았다.[46] 패튼의 요리책은 출간과 동시에 선풍적인 인기를 끌었고 이는 냉장고가 주요 소비재로 발돋움했음을 보여주는 확실한 증거였다. 표지 안쪽에는 이 책의 목적을 명확히 보여주는 문구가 나열되어 있었다.

- 당신은 냉장고의 능력을 최대한 활용하고 있습니까?
- 혹시 냉장고를 기온이 따뜻할 때만 쓰는 것이라고 생각한다면, 마르그리트 패튼이 그런 오해를 바로잡아 드리겠습니다.
- 《냉장고를 이용한 500가지 요리법》은 여러분에게 차가운 요리를 보는 새로운 관점을 선사할 것입니다.[47]

요리책과 가전제품 설명서에는 보통 한 시대의 사회상과 문화, 과학기술 등이 깊이 투영되게 마련이고 이 점에서는 냉장고 요리 서적과 냉장고 사용 설명서 역시 다르지 않다. 이런 자료들을 들여다보면 그 시대가 품은 소망과 욕망, 사회·문화적인 맥락을 파악할 수 있어 무척 흥미롭다.[48] 패튼이 1960년대에 공개한 수많은 요리법도 제2차 세계대전 이후 서구 세계를 지배한 낙관주의, 냉각 기술의 발전으로 수입산 식재료 수급이 한층 원활해진 당시의 여건, 또 차가운 해산물 수프와 하와

* 오늘날 환율로 약 2달러, 한화로 약 2,400원에 해당한다. 영국통계청 자료에 따르면 1963년도 영국 국민의 평균 주급은 약 11파운드였다. 이는 현재 가치로 293달러, 한화로 약 35만 원에 해당한다.

이안 아이스커피, 자메이카 럼주를 섞은 칵테일처럼 다문화 요소가 늘어나던 영국 사회의 분위기를 반영했다.

재현 요리의 유행과 신선식품이라는 믿음

이번 장을 마무리하기에 앞서 냉장고가 막 등장했던 무렵의 차가운 요리를 재현하는 것에 관해서도 한번 이야기해볼까 한다. 그 시절에 냉장고 요리를 꾸며준 세련된 수식어나 오렌지 페코 무스처럼 이색적인 이름은 꽤 고상하고 멋져 보이지만, 현재로서는 그 맛과 요리 재료들이 낯선 것도 사실이다. 하지만 아이반 데이Ivan Day를 비롯한 식품 역사학자들이나 resurrectedrecipes.com 같은 음식 전문 블로그를 보면 알 수 있듯이 재현 요리의 인기는 꾸준히 높아지는 추세고 사회과학 연구 분야 역시 옛 음식의 맛, 냄새, 촉감 등을 탐구하는 데 점점 더 관심을 보이고 있다. 이런 음식은 우리를 과거로 더 가까이 다가가게 한다. 맛과 냄새, 소리가 주는 강렬한 자극은 지난날의 분위기를 되살리기도 하고 한동안 잊었던 추억을 건드리기도 한다.

재현 요리가 유행하는 데는 유명한 요리사들도 한몫하고 있다. 일례로 고급 레스토랑 더 팻덕The Fat Duck의 헤드 셰프인 헤스턴 블루먼솔Heston Blumenthal은 2013년에 출간한 《역사와 함께하는 헤스턴Historic Heston》에서 14세기 이후의 전통 영국 요리에 그만의 스타일을 가미한 재현 요리를 선보였다. 한편 런던과학박물관은 2013년부터 2015년까지 성인을 대상으로 한 야간 행사 '레이츠Lates'의 참가자들에게 냉장고를 이용한 몇 가지 재현 요리를 제공하기도 했다. 당시 내가 소개한 음식들은 대중성과 조리의 편의성, 경제성, 또 때로는 엉뚱하다 싶을 만치 화려한 모양새까지 그 시절 냉장고 요리가 보였던 특성을 반영해 방문객들에게 옛 추억을 잘 살린 인기 메뉴로 호평받았다. 그중에서 먼저 살펴볼 요리는 냉동 쿠키와 페퍼민트 캔디 크림으로, 두 가지 모두 1927년에 간행된《프리지데어 프로즌 딜라이츠Frigidaire Frozen Delights》에 수록되었다. 이런 요리법들의 주목적은 냉장고로 기존에 없던 새로운 유형의 음식을 간편히 만들 수 있다고 과시하는 데 있었다. 냉동 쿠키는 신선한 쿠키 반죽을 냉장고 안에서 단단하게 굳힌 뒤 필요할 때 적당한 크기로 잘라 오븐에 구워 만드는 음식이었다. 페퍼민트 캔디 크림은 사용하기에 적잖이 수고스러웠던 아이스크림 제조기 대신 당시로서는 참신했던 냉동칸을 활용해 비교적 빠르고 쉽게 아이스크림을 만들 수 있다는 것을 증명했다.

사실 위의 두 가지는 그리 옛날 음식처럼 느껴지지 않는다. 요즘도 어디선가 먹을 수 있는 간식류이기 때문이다. 하지만《프리지데어 프로즌 딜라이츠》에 실린 다음 칵테일 제조법은 조금 더 생소하다.

건포도 칵테일Raisin Cocktail

씨 없는 건포도에 셰리 와인 맛 음료를 붓고
프리지데어 냉장고 안에 한 시간 넣어둔다.
토마토케첩 한 컵에 타바스코소스 약간, 셀러리 씨,
레몬 두 개 분량의 즙을 곁들여 소스를 만든다.
다진 아몬드를 조금 추가한다.
유리잔에 채워 차게 보관한다.

셀러리 씨 같은 향신료를 쓰는 것은 얼핏 보아도 옛날 방식처럼 보이는데 실제로 이런 재료는 예전만큼 잘 사용되지 않는다. 그리고 왜 하필이면 그냥 셰리 와인이 아니라 셰리 와인 맛 음료를 썼을까? 이 점은 요리책이 출간된 시기를 생각해보면 대충 이해가 간다. 아마도 이런 요리법은 미국에서 금주령이 시행되던 시절에 법의 테두리 내에서 파티를 즐기기 위한 것이 아니었나 싶다. 그렇다면 맛은 어떨까? 건포도 칵테일을 갓 만들었을 때는 맛이 싱거웠다. 그러나 책의 설명대로 냉장고 안에 차갑게 보관해보니 요즘 칵테일보다 자극적인 느낌은 덜하지만 과일 향이 강한 블러디 메리처럼 맛이 괜찮았다.

또 다른 인기 요리는 이른바 몰디드 시리얼Moulded Cereal로, 냉장고를 이용해 남은 음식을 아끼고 재활용하는 방법을 보여주

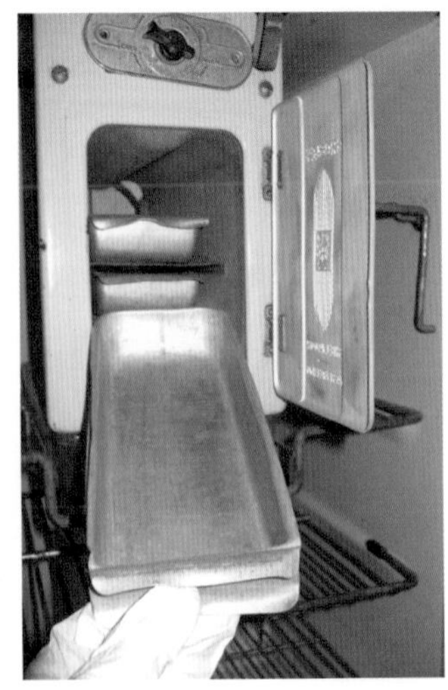

• 화이트 마운틴White Mountain의 아이스크림 제조기. 목조 들통과 아이스크림 재료를 섞는 손잡이로 구성되어 있다.

•• 이 금속 쟁반은 아이스크림이나 차가운 디저트류를 냉동고에 보관하는 데 쓰였던 것으로 보인다. 런던과학박물관은 사진 속 냉동고와 비슷한 시기에 등장한 요리 서적 《프리지데어 프로즌 딜라이츠》를 참고해서 페퍼민트 캔디 크림을 만들고 방문객들을 대상으로 시식회를 열기도 했다.

는 사례였다. 방법은 아침 식사를 마치고 남은 포리지porridge*를 젤리 만드는 틀에 넣어 굳힌 뒤 그 시절에 흔히 먹었던 데친 건자두나 살구, 복숭아 통조림, 베리류 과일과 함께 다과상에 내는 것이다. 당시 요리책에는 이 음식을 잘게 썰어서 구워 먹는 법도 함께 실렸다. 몰디드 시리얼은 식감이 젤리처럼 말랑말랑하고 보통 오트밀보다도 맛이 좋은 편이었다. 그래서인지 이런 차가운 시리얼 요리를 어린이들이 먹기에 알맞은 음식으로 평가한 요리책도 많았다.[49]

마지막으로 소개할 요리는 1959년 《프레스트콜드 케이터링*Prestcold Catering*》에 실린 에그 토드스툴Egg Toadstool이다. 당시는 차가운 요리의 인기가 최고조에 달해 기존의 틀을 벗어난 새로운 음식 데커레이션에 관심이 집중된 시기였다. 달걀과 토마토, 토마토에 점점이 찍힌 마요네즈, 접시 바닥에 깐 물냉이를 이용해 독버섯을 흉내 낸 이 음식은 그 목표에 가장 충실했다. 한데 당대의 비평가들은 요리책과 잡지 등에서 가식적이고 자연스러움과 거리가 먼 요리들의 비중이 커졌음을 지적했다. 이런 현상은 1950~60년대 냉장고 요리 서적에서 자주 발견되었는데, 그 이면에는 냉장고 요리를 현대적인 스타일로 남다르게 만들고자 했던 관계자들의 열망과 일말의 절박감이 공존하고 있었다. 프레스트콜드가 기존의 냉장고를 팩어웨이 스

* 물이나 우유에 오트밀 같은 가공 곡물류를 넣고 끓인 일종의 죽 요리.

1959년에 발간된 《프레스트콜드 케이터링》 요리책과, 직접 만든 에그 토드스툴.

타일로 재디자인하던 시기에 등장한 《프레스트콜드 케이터링》의 요리법들은 프랑스의 미학자이자 비평가 롤랑 바르트Roland Barthes가 언급한 "장식적인 요리"의 범주에 정확히 들어맞았다.[50] 프레스트콜드는 냉장고를 이용해 치킨 키에프Chicken Kiev* 같은 요리를 재현하며 "음식의 유행"을 만들어가고 싶다고 포부를 밝혔는데, 공교롭게도 치킨 키에프는 그 뒤 1979년에 영국 기업이 최초로 상품화한 냉동식품으로 시장에서 큰 인기를 끌었다.

당시 출간된 여러 요리책에서는 원재료의 모습을 떠올리기 어려울 만큼 많은 변형을 거친 음식들이 주를 이루었다. 그중 상당수가 아스픽 형태로 만들어지거나 투명한 소스와 젤리, 얼음 따위로 뒤덮인 채 식탁에 올랐고, 때로는 그런 것이 원재료의 실제 상태와 상관없이 음식을 '신선'하게 보이는 효과를 내기도 했다고 앞서 언급했다. 촌철살인의 평론을 펼쳤던 바르트는 그런 요리들의 문제점을 꼬집었다.

> 하나는 새우를 레몬에 꽂거나 닭고기 색깔을
> 핑크색으로 물들이고 자몽을 데워 내는 등의
> 해괴한 짓 때문에 자연으로부터 멀어진다는 것,
> 또 다른 하나는 전통적인 통나무 모양의

* 닭가슴살에 버터를 바르고 빵가루를 입혀 튀긴 음식으로, 18세기에 러시아 요리사들이 프랑스 요리를 참고해 만들었다는 설이 있다.

> 크리스마스 케이크를 머랭 버섯과
> 나뭇잎 과자로 뒤덮는다든가
> 베샤멜소스로 가재의 몸통을 감추고 머리는 곁에 세우는 등
> 얼토당토않은 수작을 부려서 요리 형태를 다르게
> 바꾸려 한다는 것이다.[51]

요즘 관점에서 보면 생김새가 다소 엉뚱해 보이지만 에그 토드스툴은 현대적인 요리 스타일을 선보이며 프레스트콜드 냉장고에 참신하고 세련된 이미지를 더해주었다. 또 이 요리에는 제2차 세계대전 종전 이후에도 이어진 식량 배급제로 인해 한동안 공급이 제한되었던 식재료가 많이 쓰였다는 특징도 있었다. 맛을 이야기하자면 내가 과학박물관에서 재현한 에그 토드스툴은 방문객들로부터 풍미가 썩 괜찮다는 평가를 받았다.

낙관주의가 만연했던 20세기 중엽, 냉장고를 이용해 단순한 음식물이 아닌 '그럴듯한 요리'를 창조하는 것이 장려되던 그 시기가 지나가고 지금은 다시 냉장고를 신선한 식자재와 냉동식품, 간식거리 보관함 정도로 여기는 시대가 되었다.[52] 보통 우리는 냉장고 속의 식품이 신선하다고 믿지만 그 점에서는 신선함을 가장했던 1950년대의 독특한 냉장고 요리들만큼이나 생각할 거리가 많다. 과연 우리가 냉장고에 보관해 사용하는 식재료들은 진짜 신선할까? 요즘은 급속 동결 기술로 1년

간 냉동 상태로 두었다가 막 해동시킨 먹거리도 '신선식품'으로 분류된다.

생각이 여기까지 미치고 나니 문득 미래의 식품 역사학자들이 우리의 냉장고 사용 습관을 어떻게 평가할지 궁금해진다. 현세대의 음식 문화와 냉장고 요리를 되돌아본 그들은 빈틈없이 꽉 차버린 냉장고와 속절없이 버려지는 음식 쓰레기, 넘쳐나는 포장 식품, 그리고 액체질소 아이스크림[53](BBC의 요리 방송 〈마스터셰프〉에 '마술'처럼 등장한 뒤 수많은 아이스크림 점포에서 날개 돋친 듯 팔려나갔다) 같은 유행 음식을 탐닉하는 우리를 과연 어떻게 생각할까?

제7장 당신의 냉장고는 건강을 가져다줍니까?

지난 100여 년간 냉장고와 관련한 수많은 이론과 가설 가운데 가장 큰 지지를 얻은 것은 '냉장고를 사용하면 건강에 절대적으로 이롭다'는 설명이었다. 냉장고 요리 서적에 제아무리 화려하고 멋진 요리법이 실렸다 한들 냉장고가 제 역할을 하지 못하고 음식을 저온에서 오랫동안 보존하지 못한다면 무슨 의미가 있겠는가? 결국 우리가 냉장고를 집에 들인 이유는 샴페인을 차게 식히고 치즈를 보관하거나 각 얼음을 한 번에 수십 개씩 만들고 싶어서가 아니라 '먹거리를 건강하고 안전하게 지키려면 냉장고가 필요하다'는 말에 설득되었기 때문이다. 한때 프리지데어 광고 모델이었던 패튼에 따르면 20세기 초중반에 영국 같은 온대 기후 지역에서는 식료품 저장실만 써도 충분했기 때문에 주부들에게 냉장고를 구입하라고 권하기가 쉽지 않았다고 한다.[1]

가정용 냉장고 제조사들은 냉장고가 주는 식품 안전 및 위생상의 이점을 홍보하며 이 기기가 앞서 시장에 등장한 아이스박스와는 생김새부터 "엄연히 다른 상품"이라고 선을 그었다.

1920년대부터 출시된 신형 냉장고들은 특유의 하얀 도료와 매끈한 유선형 디자인 덕분에 구형 제품들보다 세균으로부터 더욱 안전하고 건강에 유익하다고 여겨졌다. 당시에 냉장고 안팎을 장식한 순백색은 거무스름한 나무 외장재를 두른 구식 냉장고와 아이스박스보다 위생적이고 청결하며 청소하기 쉽다는 인상을 안겨주어 더 깨끗하다는 인식을 불어넣었다.[2] 이 시기의 유려한 제품 디자인은 르코르뷔지에가 저서《건축을 향하여》의 〈주거 개론〉에서 언급한 이상적인 '현대인의 삶'과 완벽한 조화를 이루었다. 물론 그 시절에 그런 호사를 누리는 사람은 극소수에 불과했고 하얗고 깨끗한 집 역시 누구에게나 허용되지는 않았다.

19세기를 돌아보면 냉각기업계가 위생에 매달린 것은 새삼스러운 일이 아니었다. 제조사 입장에서는 구형 제품과 신형 제품의 디자인을 달리해 청결함을 강조하는 것이 수월한 전략이라 할 수 있는데, 이런 특징은 과거의 아이스박스 광고에서도 어느 정도 엿볼 수 있다. 아이스박스가 한창 잘나가던 시절에 관련 업체들은 1920년대의 신형 전기냉장고와 가스냉장고 광고처럼 아이스박스가 가족의 건강을 지켜주는 획기적이고 참신한 상품이라고 홍보했다. 일례로 레너드사Leonard Company는 자사의 아이스박스가 "깨끗한 사기그릇"처럼 위생적이라고 선전하며 소비자들에게 이렇게 물었다.

"당신의 냉장고 안에는 '건강'이 있습니까?"[3]

또 어떤 아이스박스 제조사는 당시 "가장 깨끗하고 위생적인 소재"로 알려진 "유백 유리"를 제품 내장재로 채택한 뒤 얼음을 활용한 "순수하고 차고 건조한 공기"의 순환이 "식품 본연의 신선함과 품질을 지켜줄 것"이라고 광고하기도 했다.[4] 클린 콜드Kleen Kold로 명명된 아이스박스는 새하얀 내외장재와 그 이름으로 모든 것을 설명했고, 20세기가 막 시작되었을 무렵 등장한 먼로 아이스박스Monroe icebox는 훗날 로위가 디자인한 콜드스폿 냉장고에도 어울릴 법한 한 광고에서 "눈처럼 하얀 도자기 소재를 이용해 통짜로 제작"한 위생적인 냉장실을 자랑했다.[5]

그 시절에 출간된 가정생활 안내서들은 그처럼 이음매 없는 도자기 소재의 내장재가 "가정의 위생sanitation"뿐 아니라 "온 세상의 건전성sanity"을 유지하는 데도 필수라고 단언했다.

또 얼룩지거나 먼지가 낄 수 있는 부품 간의 이음매는 "질병과 죽음의 전조가 될 수 있다"[6]면서 색이 하얀 제품이 표면을 닦아내고 상태를 확인하기도 더 쉽다고 설명했다. 물론 얼룩을 닦아내면 위생이 확보된다는 생각이 얼토당토않은 것은 아니었다. 주부들은 주방을 깨끗이 청소함으로써 병을 일으키는 더러운 얼룩과 유해 미생물이 어딘가에 있을지도 모른다는 걱정에서 잠시나마 해방되었다. 질병이 한 가정에 안겨주는 위험성을 생각하면 청소는 그야말로 막중한 임무였다.

위생과 청결의 시대

청결함은 심미적인 장점 이상으로 중요했다. 냉장고와 위생 관념의 결합 이면에는 세균과 보건 위생의 연관성을 밝힌 과학적 발견, 그리고 개개인의 청결함을 위생의 미학과 결부한 계몽 운동의 영향이 혼재되어 있었다. 이들의 조합은 대중의 뇌리에 얼룩이나 먼지 등에 관한 불안과 죄책감을 주입하며 사람들을 이전보다 위생과 청결에 매달리게 했다. 사실 먼지나 얼룩 자체는 건강에 딱히 위협적이지도 않고 위생이나 보건 같은 개념과도 거리가 있지만, 19세기 후반 들어 이를 부정적으로 보는 견해가 차츰 늘어났다.[7] 바로 병원성 세균의 위험성이 밝혀지면서부터다.

그때 인류는 세균과 유해 미생물, 질병에 관한 과학 연구를 바탕으로 우리가 실제로 걱정해야 할 무형의 괴물이란 공기 속에 떠다니는 미지의 유해 물질이 아니라 사람의 손이나 파리, 땟자국 따위를 매개체로 삼아 사물의 표면에서 표면으로 전파되는 미생물임을 알게 되었다. 그리하여 몇백 년 전 베이컨이 쓴 글에 처음 등장했던 "청결은 신을 받드는 것 다음가는 미덕이다"[8]라는 격언은 마침내 빅토리아 시대에 이르러 일상의 덕목으로써 그 취지를 달성하게 되었다.[9] 중산 계급의 사회 개혁가들은 대중이 위생적인 습관을 제대로 익히고 청결한 생활에 힘쓰도록 가르치는 데 앞장섰다. 그들은 19세기 초중반에 시작된 공중보건 개혁 운동을 다시 이어나가며 세균과 질병의 과학적 연관성에 더욱 많은 관심을 쏟았다. 이 점은 주부와 여학생 들(미래의 주부들)에게 가족의 건강을 지켜야 할 책임이 있음을 알리는 캠페인 구호에도 반영되었다.[10]

초창기의 냉장고 제조사들은 이런 사회 분위기에 편승했다. 여기에는 20세기 초에 식품 첨가물과 식품 안전에 관한 법이 제정되면서 질병을 유발하는 불량 식품을 정상적인 척 둔갑시키고 보존 기한까지 늘려주는 유해 보존료가 퇴출된 것도 영향을 미쳤다.[11] 과거에는 노점에서 상하거나 '불량 재료'로 만든 음식에 방부제와 첨가제를 추가하거나 얼린 채로 상태를 속여 파는 경우가 많았다. 그러나 새로운 법이 등장하면서 한때 크림 제조에 많이 쓰였던 붕산(오늘날은 살충제, 소독제, 사체 방부액의 재료로 잘 알려져 있다) 같은 유해 첨가물의 사용이 금지되었고 음식을 오스카 와일드Oscar Wilde의 소설 속 주인공 도리안 그레이마냥 불변의 상태로 만드는 행위는 다시 용납되지 않았다.[12] 당시 치즈에 색을 내는 데 썼던 광명단red-lead*과 우유를 진하게 만드는 데 사용된 갈분葛粉 역시 오늘날 기준으로는 절대 허용되지 않는 식품 첨가물이었다. 분명히 음식 재료에 강력한 단속이 필요한 상황이었다. 일례로 빅토리아 시대에 런던의 위생 검역관들은 아이스크림에서 "구균과 간균, 머릿니, 빈

* 산화납으로 만든 붉은 안료로 연단·적연이라고도 한다

Le Péril Blanc : Le Lait falsifié.
Collection T. Bianco.

• 20세기 초에는 사회적으로 불순물이 섞인 유제품에 대한 우려가 상당했다. 사진 속 아이스크림 판매상이 "순수한 유제품PURE DAIRY"이란 홍보 문구를 써 붙인 것도 그럴 만하다는 생각이 든다.

•• 1910년경에 완성된 이 그림은 불순물이 섞인 우유를 "하얀 위험Lee Péril Blanc"으로 묘사하고 있다.

대, 곤충 다리, 벼룩, 지푸라기, 사람 머리카락, 고양이털과 개털"처럼 꺼림칙한 것들을 많이 발견했다고 한다.

이처럼 음식 속에 도사린 위험을 피하지 못한 불운한 소비자들은 디프테리아나 성홍열, 설사병에 걸리기도 했다.[13] 이런 문제를 생각해보면 초창기의 냉장고 요리 서적에 왜 그리도 많은 아이스크림 제조법이 실렸는지 이해가 간다.

공포 유발 마케팅과 냉각 기술

불량 첨가물 사용 금지령은 냉장고 업체들의 야망을 키우는 기폭제가 되었다. 냉장고에는 금지된 첨가물을 대신해 식품의 수명을 대폭 늘릴 능력이 있었고 냉각 기술이 "세균에 의한 부식·부패 작용"을 지연시킨다는 사실도 이미 오래전에 증명된 상태였다. 기업들은 음식을 신선하고 위생적으로 장기간 보관할 수 있다는 것을 새로운 주방 가전이 안겨주는 "건강상의 이점"으로 널리 홍보했다.[14] 그리고 제품 설명서에 냉장고 밖에서 음식이 얼마나 빨리 상하는지를 나타낸 그림과 사진을 실어 소비자들의 감정을 자극했다. 이런 전략을 뒷받침한 것은 여러 먹거리의 최적 보관 온도와 냉장고 외부에서의 세균 증식 속도를 밝힌 과학 연구 결과였다.[15] '여성을위한전기협회'처럼 냉장고 사용을 지지하던 단체들은 교육용 책자를 제작해 바람직한 음식 보관법을 자세히 소개했다. 한 예로 1934년에 발간된 《여성을 위한 전기 사용 편람*Electrical Handbook for Women*》은 "세균 염려 없이" 음식을 좋은 상태로 보존하려면 건조한 공기와 섭씨 1.7~8.9도 사이의 온도가 "필수적"이라고 설명했다. 다시 말해 (전기)냉장고를 사라는 것이었다.[16]

그렇다면 왜 아이스박스가 아닌 냉장고였을까? 아이스박스는 아무리 단열이 잘되고 품질이 좋더라도 얼음이 계속 녹아서 음식을 안전하게 보관할 만큼의 온도를 유지하기가 사실상 불가능했다. 전기나 가스를 이용한 가정용 냉장고와 아이스박스의 내부 온도에는 큰 차이가 있었다. 두 기기를 비교한 실험에서 전기냉장고가 섭씨 5~7.2도를 유지한 데 반해 아이스박스의 온도는 섭씨 15~20도 정도로 훨씬 높았다.[17] 냉장고 제조사들은 모니터 톱 같은 신형 냉장고를 사용하면 "언제든 음식을 안전하게 먹을 수 있다"며 소비자들을 유혹했다.[18]

그 시절에는 아이스박스나 냉장고 할 것 없이 거의 모든 제품 설명서가 식품 안전과 보호의 중요성을 강조했다. 의도는 뻔했다. 음식을 차갑게 보관해야 하는 이유를 과학적으로 정당화하는 동시에 주부들에게 오염된 먹거리로부터 가족을 지켜야 한다는 의무감과 죄책감을 불어넣기 위해서였다. 이같이 대중의 불안감을 이용하는 전략은 수많은 광고와 홍보물, 교육 자료에 활용되며 강력한 효과를 발휘했다. 때로는 소비자를 향한 경고 메시지가 냉장고에서 먹을 것을 꺼내는 어머니의 모습처럼 '아늑한' 느낌의 광고로 완곡하게 전달되기도 했다. 그러나 광고주들은 오염되거나 잘못 보관한 음식 때문에 특히나 어린이들의 건강이 위험해질 수 있다며 주로 무섭게 경고하고 죄의식을 부추기는 전략을 활용했다. 영국전기개발협회가 꼭 그런 식이었다. 이 단체가 펴낸 전기냉장고 안내서 겸 요리책《차가운 음식 요리술》은 전기냉장고를 "우리의 건강지킴이"로 묘사하며 소비자의 경각심을 일깨우는 여러 정보를 제시했다.[19] 그중에서도 세균을 다룬 부분에서는 음울한 '누아르풍' 삽화들이 이목을 끌었다. 한 여성이 뒤편의 식료품 저장실에 두었던 음식을 조심스레 확인해보는 그림은 독자에게 이런 질문을 던졌다.

"그 음식은 안전합니까?"

그 뒤 이어진 글은 세균이 적절한 생육 조건에서 단 20분 만에 세포 분열을 일으킨다는 설명과 함께 음식과 건강에 미치는 잠재적 위험성을 강조했다.

> 고배율 현미경으로 세균을 들여다보지 않는 한
> 그토록 작은 세포가 존재한다는 말을 믿기는 어려울
> 것이다. ……하지만 이 점에 마음을 놓아서는
> 안 될 뿐더러 그처럼 미세한 알갱이가 아무 해를
> 끼치지 않으리라 예단해서도 안 된다. 이런 알갱이들,
> 더 정확히 말해서 세포들은 현재 알려진 어떤

식물이나 동물보다도 빠르게 증식한다.

냉장고 제조사와 공공 단체 들은 공포를 일으키는 요소를 공공연히 활용하며 냉장고가 가족 건강을 위한 필수품이라고 대중을 설득했다. 브리즈번의 한 신문사가 그러했듯이 냉장고에 "건강을 지켜주는 요새" 같은 타이틀을 붙이는 것만큼 효과적인 방법은 없었다.[20] 1920년대부터 1960년대까지 등장한 냉장고 광고들은 친밀한 가족의 이미지를 주로 그려냈는데 그 안에는 항상 일정한 구도가 존재했다. 이를테면 어머니가 애정 어린 표정으로 아이들에게 깨끗하고 신선한 우유를 따라주는 모습 같은 것이었다. 프리지데어는 냉장고 사업 초기에 냈던 한 광고에 아내와 아이를 인자하게 바라보는 아버지를 등장시켜 완벽한 가족의 모습을 완성했다. 이 광고에는 다음과 같은 문구가 붙었다.

"가족의 건강을 위한 한 잔."[21]

나라에 따라서는 우유의 안전성을 훨씬 심각하게 따지는 곳도 있었다. 1950년대에 뉴질랜드에서는 냉장고에 보관하지 않은 우유를 파는 것이 범법행위에 해당했다.[22] 한편 당시 광고에는 아버지나 남편 대신 주부의 친구가 등장하기도 했다. 주인공의 냉장고를 부러운 눈길로 보면서 언젠가는 자신도 최신형 냉장고를 들여 가족에게 남들 못지않게 좋은 음식을 차려주겠노라 다짐하는 역할이었다.

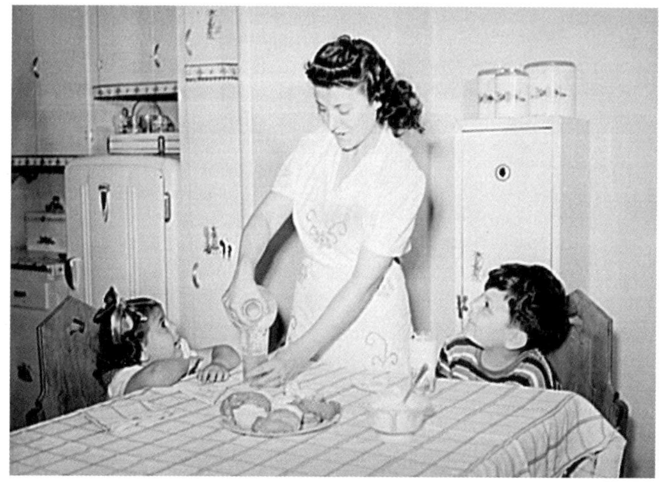

• 《차가운 음식 요리술》에 수록된 이 그림은 어두운 누아르 영화를 연상시키며 독자들에게 깊은 인상을 안겨주었다. 그림 속 메시지는 그야말로 명확했다. 식료품 저장실에 보관한 음식은 안전한지 믿기 어렵다는 것이다.

•• 1942년 미국 브루클린의 한 가정에서 어머니가 자녀들에게 우유를 따라주는 모습. 아이들은 매일 약 1리터 이상 우유를 섭취한다. 이 사진은 아서 로스스타인Arthur Rothstein이 촬영했다.

파리와 세균, 얼룩, 음식물의 부패……. 가전업체와 공공 단체, 교육 전문가 들은 오직 냉장고를 구매했을 때만 이 모든 문제를 해결할 수 있다고 주장했다. 과연 사람들은 그 말을 믿었을까? 이 의문에 관해서는 냉장고 판매량을 보면 어느 정도 답이 나온다. 더운 여름이 오고 먹거리의 변질과 식중독의 위험이 커질 때마다 냉장고의 판매가 늘어난 것이다. 냉장고 제조사들은 대중의 걱정거리라면 무엇이든 재빨리 제품 홍보에 이용했다. 《프레스트콜드 포스트》는 더위가 특히 극심했던 1959년 여름이 지난 뒤 여러 냉장고 판매장에 엄중한 경고가 담긴 벽보를 배포했다.[23] 이후 매장을 찾는 손님들은 타블로이드 신문을 연상시키는 기상천외한 표제와 맞닥뜨렸다.

"온 세계가 파리 떼에 뒤덮여, 높이만도 47피트(약 14.3미터)."

프레스트콜드는 이를 두고 한 해 동안 파리가 '이상적인 번식 조건'을 갖출 경우 일어날 수 있는 결과라고 설명했다. 해당 기사는 삼킨 먹이를 토해낸 뒤 다시 먹고 쓰레기와 배설물을 좋아하는 파리의 습성을 언급한 뒤 파리를 상세히 묘사한 삽화와 함께 해결책을 제시했다. 즉 음식을 프레스트콜드 냉장고에 안전하게 보관하라는 것이었다. 이 기사 덕분에 프레스트콜드는 전례 없이 높은 매출을 달성할 수 있었다.

관리라는 또 다른 문제

하지만 가정용 냉장고에도 위험한 측면은 존재하며 이 점은 냉장고라는 도구 역시 사람이 쓰기 나름이라는 것을 재차 깨닫게 한다. 과거에도 일어났고 지금도 계속 일어나는 냉장고 관련 사건·사고의 대부분은 사용자가 기기를 잘못 관리하거나 소홀히 한 데서 비롯되었다. 달리 말하면 스스로의 잘못으로 위험한 상황이 발생하는 것이다.

냉장고는 존재 자체로 음식의 안전을 보장하진 않는다. 냉장고나 아이스박스를 잘못 설치하거나 제대로 관리하지 않을 경우, 또 아이스박스에 오염된 얼음을 사용할 경우에는 사용자의 건강에 문제가 생길 수 있다. 과거에 냉장고나 아이스박스를 구매한 이들은 냉장고 배관을 주방 하수관에 연결하거나 아이스박스의 얼음을 녹게 내버려두는 치명적인 실수를 저지르지 않도록 강한 주의를 받았다. 그중에서도 특히 아이스박스를 잘못 샀을 때 생기는 폐해는 심각했다. 19세기 말에 《더 데코레이터 앤드 퍼니셔The Decorator and Furnisher》는 그 문제를 이렇게 이야기했다.

"음식을 확실하게 냉장 보관하는 것은 환기를 잘하는 것만큼이나 건강한 삶에 필수적이다. 품질이 떨어지는 아이스박스는 하수 가스처럼 질병과 죽음의 씨앗을 힘껏 뿌려댈 것이다."

그러면서 비용을 아끼려고 값싼 물건을 산다면 결국은 "의

사나 장의사"를 만나 "100배는 더 비싼 값"을 치를 것이라고도 경고했다.[24] 그런 제품은 자칫 잘못 설치할 경우 사용자가 "가스와 탁한 공기가 스며든 오수"를 마실 위험성이 있었다. 또 설치가 잘된다고 하더라도 "잡다한 문제"가 끊이지 않았고 "배수관 청소에 쓸 철사"를 구하기 위해 멀쩡한 우산을 '해체'해야 하는 상황도 종종 벌어졌다.[25] 게다가 소비자들은 전혀 몰랐지만 그 시절에는 아이스박스를 만드는 데 인체에 유해한 소재가 쓰이기도 했다. 한 예로 비턴은 1907년에 낸《가정살림독본》개정판에서 석면으로 단열 처리가 된 아이스박스를 구매하라고 권장하기도 했다.[26]

가정용 냉각기 산업이 막 발돋움하던 시절에 냉장고와 아이스박스를 쓰던 이들은 제품 자체의 위생이나 그 안에 채워 넣는 얼음의 위생 상태에 많은 신경을 썼다. 당시에는 저온 상태로 수송된 식품과 배달용 얼음의 품질이 기대에 못 미치는 경우가 왕왕 있었기에 그처럼 경계심이 높았던 것도 놀랍지는 않다. 거대한 선박에 설치된 냉각 장치는 가동 환경이나 관리 상태가 늘 좋지만은 않았다. 그래서 운송 과정에서 지나치게 낮은 온도 때문에 꽁꽁 얼어버리거나 반대로 필요한 만큼 냉각되지 않아 못쓰게 되는 식품들이 간간이 생겨났다. 19세기에 런던의 한 과일 무역상은 항해 중에 썼던 공기 냉동기의 상태를 다음과 같이 묘사했다.

"공기 흡입구는 온통 고드름투성이였지만 그 아래 다른 부분에는 여기저기 시퍼렇게 곰팡이가 피어 있었다."[27]

요즘에도 냉장고 곰팡이는 옛날과 다름없이 많은 사람을 괴롭히고 있다. 1993년에 미국의 코미디언 위어드 알 얀코빅Weird Al Yankovic은 스티브 매퀸Steve McQueen이 출연한 영화 〈블롭The Blob〉의 괴생명체처럼 조금씩 부풀어 오르는 녹색 곰팡이 덩어리를 주제로 〈냉장고 안에 산다Livin' in the Fridge〉라는 패러디 곡을 만들었다. 이 노래는 꽤 인기를 끌었는데, 에어로스미스Aerosmith의 명곡을 패러디한 재치 있는 가사와 멜로디의 영향도 있었지만 그 속에 묘사한 현대인의 생활상이 많은 공감을 불러일으켰다는 점도 컸다. 실제로 냉장고에서 곰팡이가 핀 음식을 버려본 적이 없는 사람은 그리 많지 않을 테니 말이다.

냉장고는 우리가 먹을 음식을 일종의 가사 상태에 빠뜨려 상태를 유지하는 것 같지만 얼핏 멀쩡해 보이는 그 모습에 속아 넘어가서는 안 된다. 냉장고 안에 먹을 것을 지나치게 오래 보관하거나 부적절한 위치에 두고 또 내부를 온갖 음식으로 꽉 채워서 공기 순환을 막는 것은 자신의 건강을 걸고 러시안룰렛을 하는 셈이다.

비슷한 예로 우리는 우유를 대개 냉장고 문에 달린 선반에 두지만 사실 그곳은 음식을 보관하기에 가장 좋지 않은 자리다. 문을 여닫을 때 온도 변화가 심하기 때문이다. 몇 년 전 한 신문사는 음식 칼럼니스트와 일반인들을 대상으로 냉장고 한구석에서 그들 모르게 일어난 무시무시한 참사에 관해 취재했다.

이후 완성된 기사에는 "털로 뒤덮인 콩", "녹아내린 양배추", "악취를 내뿜는 닭고기", "언제부터 보관했는지 알 수 없는 온갖 고기와 파스타와 생선"을 비롯해 돌처럼 딱딱해진 레몬, 썩어서 물컹대거나 곰팡이가 보송보송하게 자란 수많은 과일과 채소가 등장해 독자들에게 충격을 안겨주었다.[28]

사실 냉장고 안에 제대로만 보관한다면 그 음식은 인류 역사상 어느 때보다 안전한 먹거리라고 할 수 있다. 과연 이 능력이 그간 얼마나 많은 생명을 구했는지는 모르지만 수많은 약제와 백신을 안전하게 보존하는 데는 분명 도움이 되었다. 냉장고가 없었다면 이런 의약품의 유통기한은 현저하게 짧아졌을 테니까.

이와 반대로 인류 건강에 가장 해를 끼친 음식이 무엇인지는 조금 더 쉽게 파악이 된다. 20세기에는 불순물이 섞이거나 상한 우유가 주로 천덕꾸러기 취급을 받았지만 현재는 육류와 날생선이 식중독 발생에서 가장 큰 비중을 차지한다. 이런 상황만 놓고 봐도 냉장고는 실로 야누스의 얼굴을 한 가전제품이라 할 수 있다. 살모넬라균과 대장균, 캄필로박터균처럼 식중독을 일으키는 온갖 세균과의 싸움에서 악당과 영웅의 역할을 동시에 맡았기 때문이다. 이런 유해 미생물의 번식 속도를 늦추고 싶다면 냉장고의 온도를 충분히 낮추어야 한다. 냉장고 문을 오래 열어두거나 정전 같은 사태로 전원이 나간 시간이 길어질수록 세균 증식 속도가 가장 빠른 위험 온도(대략 섭씨 40~50도 사이)에 도달할 가능성은 더욱 커진다.

하지만 이 문제에는 우리 인간이 만든 저온 유통 체계도 얼마간의 책임이 있다. 그동안 냉각 장치의 발달과 함께 세균의 온상이 되기 쉬운 고기나 알 종류의 대량 소비가 촉진되었다는 사실을 생각해보라. 적당한 온도를 유지한 채 오랜 시간 먼 거리를 이동하며 다양한 운송 과정을 거치는 식품의 유통 경로에서 세균이 증식하기 좋은 조건을 갖출 가능성은 매우 크다. 게다가 이 시스템 덕분에 각종 세균류는 전 세계를 편히 오가며 마치 눈앞의 길모퉁이를 도는 것처럼 손쉽게 수천 킬로미터 떨어진 지역에 식중독을 발발시킬 수도 있다.

냉장고에 얽힌 사망·사고의 원인은 대부분 식중독이지만 간혹 아주 드물게 전기 화재나 냉매 누출 때문에 사람이 죽기도 한다. 요즘은 예전보다 안전하고 독성이 덜한 냉매를 쓰므로 누출 문제로 심각한 해를 입는 경우가 극히 적다. 그러나 냉각 기술이 막 각광받던 시절에 유독하고 자극적인 냉매는 정말 심각한 위험 요소였다. 이 문제는 일반 가정에서보다 대규모 산업용 냉장·냉동 창고에서 일하는 노동자들에게 더 큰 영향을 미쳤지만 소비자들은 걱정스러운 시선을 거두지 않았다. 그 무렵 그들이 접한 가스 관련 정보는 난방과 조명 기기에서 가스가 누출되어 사람이 죽고 불이 났다는 소식이나, 제1차 세계대전 중에 치명적인 독가스가 쓰였다는 보고가 대부분이었으니 그런 불안감이 충분히 들 법도 했다.

정말 안타깝게도 냉장고 기기 안에 사람이 갇혀 죽는 사고 역시 적지 않았다. 이런 문제는 왜 일어났을까? 아이러니하게도 냉장고를 튼튼하고 견고하게 만들었기 때문이었다. 초창기 가정용 냉장고에는 문이 안쪽에서 열리지 않도록 막는 걸쇠가 달려 있었다. 이런 부류의 사망·사고 피해자는 여지없이 어린아이들이었고 이것은 20세기 초중반에 대중의 공포심과 상상력을 자극했다.[29] 당시에는 냉장고에 갇힌 아이들 이야기가 많이 나돌았다. 주로 숨바꼭질 놀이를 하던 중에 참변을 당했다는 것이었다. 미국에서는 이 문제에 대한 대중적 우려가 점점 커지면서 결국 1950년대 후반에 내부 걸쇠 사용이 법적으로 금지되었다.[30]

뾰족한 대책 없이 몇 년이 지난 뒤 마침내 오늘날 냉장고 문을 여닫는 데 쓰이는 내장형 자석 띠가 발명되었다. 하지만 사고는 끊이지 않았다. 사용이 금지되지 않은 구형 냉장고를 쓰는 사람들이 여전히 많았기 때문이다.[31] 이 문제로 인해 영국에서는 20세기의 가장 무서운 공익 광고로 손꼽힌 영상이 탄생했다. 바로 1971년에 방송된 〈어린이와 폐기된 냉장고Children and Disused Fridges〉였다. 이 광고는 버려진 냉장고가 아이들의 상상력을 잘못된 방향으로 자극한다고 주장했다. 아이들에게는 그런 물건이 "안에서는 결코 열지 못하는 밀폐된 죽음의 덫"이 아니라 숨바꼭질에 적합한 장소이자 "이동 주택이나 함선, 성채"처럼 보인다는 것이었다.[32] 마치 냉장고 안에서 편안히 잠든 듯

이 제품은 켈비네이터 전기냉장고의 초기 모델로, 유독한 이산화황(아황산가스)을 냉매로 사용했다.

한 아이들의 비극적인 죽음은 인체 냉동 기술로 눈앞에 닥친 죽음을 '모면'하고 다시 소생하길 꿈꾸는 이들이 늘어나는 현실과 왠지 모르게 씁쓸한 대비를 이룬다.

환경 재해, 에너지 과소비

한편 냉장고는 최근 인류가 만들어낸 대규모 환경 재해의 원인으로도 지목되었다. 과거에 냉각제로 사용된 암모니아·이산화황·염화메틸이 수차례 중독과 사망·사고를 일으키자 과학자들은 더 안전한 물질을 찾기 시작했다. 그러다 1928년에 토머스 미즐리Thomas Medgley가 '신비의 화합물'을 개발했다. 바로 무색무취의 디클로로디플루오로메탄 혹은 '프레온'으로 불리는 기체였다. 이 물질은 염화불화탄소chlorofluorocarbon, 즉 오존을 파괴한다고 잘 알려진 CFCs의 일종이었다.[33] 당시에 미즐리는 프레온의 안전성을 입증하기 위해 미국화학학회 회원들 앞에서 이 가스를 들이마신 뒤 촛불을 불어서 끄는 실험을 했다.[34] 인체에 독성이 없고 화학적으로 안정성이 뛰어난 이 기체는 이후 약 50년간 냉각제의 완성판으로 인정받으며 각종 스프레이 캔과 냉장고용 냉매로 널리 활용되었다.

프레온은 불에 타지 않을 뿐더러 액체에서 기체로, 또 기체에서 액체로 손쉽게 상태가 전환되어 이상적인 냉매로 평가받았다. 하지만 1970년대에 밝혀졌듯이 CFCs가 서서히 분해될 때 발생하는 염소 기체는 태양이 방출하는 강렬한 자외선으로부터 지구를 보호하는 오존층을 파괴한다. 지구 환경에 치명적인 영향을 미치는 이 불화탄소계 기체는 대기 중에 짧게는 수십 년 길게는 수천 년까지 잔존한다. 냉매라는 관점에서는 이러한 안정성이 매우 바람직하지만 환경적인 측면에서는 큰 문제가 된다. 이 계통의 기체는 수영장의 염소 성분과 다르게 물에 녹지 않아 대기 중에서 빗물에 씻겨나가지도 않는다. 그 대신 상공에서 자외선에 의해 분해되기 전까지 안정적인 상태로 계속 남게 된다.[35]

영국 과학자 제임스 러브록James Lovelock은 북반구부터 남극 대륙까지 대기 중에 존재하는 CFCs를 처음으로 탐지하고 그 양을 측정한 인물이다. 8년에 걸쳐 소형 전자포획검출기를 개발한 그는 인간이 발생시킨 국지적인 대기 오염이 전 세계에 영향을 미친다는 사실을 증명하고자 1972년 왕립연구선 섀클턴호RRS Shackleton에 몸을 실었다.[36] 러브록이 만든 검출기는 1조분의 1 수준에 해당하는 CFCs 화합물 농도를 감지할 만큼 감도가 뛰어났다. 쉽게 말하면 올림픽용 수영장 크기의 20배에 달하는 초대형 수영장에서 물에 떨어진 잉크 한 방울을 찾는 수준이다.[37] 이 발견을 계기로 과학자들은 CFCs의 오존층 파괴 효과가 얼마나 심각한지 깨달았다.[38] 결과적으로 각국 정부는 1987년에 몬트리올 의정서를 체택해 CFCs의 생산 및 사용

• 제임스 러브록과 그가 왕립연구선 섀클턴호에서 사용했던 가스 크로마토그래프 (2014). 이 장치는 고감도 전자포획검출기를 포함하고 있다.

을 규제하기로 약속했다. 이는 여러 국가가 환경 파괴를 줄이기 위한 협약에 동의하고 힘을 합친 몇 안 되는 사례였다.

CFCs 계통의 냉매가 사용 금지되면서 냉장고와 관련된 환경 문제는 모두 해결된 것 같았다. 하지만 정말 그럴까? 사실 일부 냉장고에서는 CFCs를 계속 사용하고 있다. 이 물질이 냉장고 케이스에 내장되는 발포 플라스틱계 단열재를 생산하는 데 많이 쓰이는 탓이다. 이런 냉장고는 폐기도 위험하다. 얄궂게도 냉장고용 단열재를 소각할 경우 그 안에 압축된 CFCs가 대기 중에 방출되기 때문이다. 또 다른 문제는 HFCs(수소불화탄소)처럼 CFCs 대신 쓰이는 '오존 친화적'인 냉매들이 온실 기체*라는 사실이다. 현재 CFCs의 대체 물질들은 전 세계의 냉장고와 에어컨 등에 널리 사용되며 환경에 심각한 영향을 미치고 있다. 예를 들어 슈퍼마켓에 비치된 여러 대의 냉장고는 매장 에너지 소비량의 절반을 차지할 뿐 아니라 해당 매장의 전체 탄소 발자국**에서 4분의 1을 차지한다. 게다가 여기저기서 HFCs가 누출되기도 하고 아예 문조차 달려 있지 않은 냉장고 때문에 온실 기체의 증가세는 더 커지고 있다. 냉장

* 지표면에서 반사된 태양열이 지구 밖으로 빠져나가는 것을 막아 온실 효과를 일으키는 기체. 온실 기체의 증가는 지구의 온도 상승에 영향을 미친다.

** 개인이나 기업, 국가 등의 단체가 활동하거나 상품을 생산하고 소비하는 전체 과정에서 발생하는 온실 기체, 그중에서도 특히 이산화탄소의 총량을 의미한다.

• 1920년대에 고든 돕슨Gordon Dobson이 성층권의 오존량을 측정하기 위해 고안한 최초의 오존 분광광도계. 영국 남극자연환경연구소는 1985년에 이와 유사한 장치를 활용해 남극 상공의 오존층에 구멍이 뚫렸음을 확인했다.

21세기 초 영국의 서더햄에 생긴 냉장고 산. 이 사진을 찍을 당시에 새로운 EU 법안에 따라 이곳에서 재활용을 위한 해체 공정과 CFCs 제거 작업을 기다리는 냉장고의 수는 7만 대가 넘었다.

고 문이 손님들의 소비를 막는 장벽이 될지 모른다는 두려움 때문에 말이다. 이 주제와 관련해 영국의 《에티컬 컨슈머Ethical Consumer》가 밝힌 바에 따르면, 슈퍼마켓 한 곳에서 운용하는 여러 냉장·냉동기기에서 HFCs가 전부 누출될 경우 그것이 대기에 미치는 효과는 여객기 한 대가 영국과 오스트레일리아를 3,000번 왕복하는 것과 같다고 한다.[39]

물론 소비자들에게는 이 문제의 심각성이 썩 와닿지 않을 것이다. 눈에 보이지 않는 가스와 대량으로 낭비되는 에너지란 수많은 먹거리가 저온 유통 체계를 따라 이동한 거리만큼이나 막연하다. 이러한 괴리감은 현재 영국을 비롯한 세계 각지에서 미국 스타일의 대형 냉장고가 유행한다는 사실, 그리고 이로 인해 에너지 소비효율이 높은 최신 제품들의 온실 기체 배출량 감소 및 에너지 절감 효과가 상쇄된다는 데서 잘 드러난다.

지금까지 이야기한 냉장고와의 모순적인 관계성, 인간의 건강을 지키면서 한편으로는 생명을 위협하는 냉장고의 특성은 우리 문화에 많이 반영되어 있다. 과거에 큰 인기를 끌었던 영화들을 보면 탐욕스러운 냉장고가 주인에게 복수하는 모습이 심심치 않게 등장한다. 대부분 냉장고가 사람을 집어삼키는 경우로, 1980년대에 나온 코미디 영화 〈고스트버스터즈Ghostbusters〉에서는 시고니 위버Sigourney Weaver가 악령이 깃든 냉장고에 먹혀 다른 차원으로 이동하는 장면이, 또 밀실 스릴러 영화인 〈레퀴엠Requiem〉에서는 냉장고가 "먹을 것을 줘, 사라!"라고 외치며 약물 중독에 빠진 주인공 사라를 삼키려는 장면이 나오기도 했다.

그 밖에 우리 인간과 냉장고의 모순적인 관계를 강조한 영화도 있다. 가령 〈아메리칸 사이코American Psycho〉에는 디저트와 잘린 사람 머리가 함께 들어 있는 기괴한 냉장고가 등장했고, 1950년대를 배경으로 한 〈인디아나 존스Indiana Jones〉 최근작에서는 납판이 내장된 냉장고가 주인공인 존스 박사의 목숨을 절묘하게 살리는 장면이 나왔다. 그가 미국 네바다 사막에서 실시한 핵폭발로부터 살아남기 위해 근처의 냉장고 안에 몸을 숨긴 것이다.

아마 과거에도 그러했고 현재도 그렇듯이 앞으로도 냉장고라는 기기는 수많은 건강상의 이점과 새로운 가능성, 위험 요소들을 내포한 채 사용자들에게 많은 고민을 안겨줄 것이다. 현대인과 냉장고의 관계는 상호 의존적으로 서로의 존속에 깊은 영향을 미치면서도 때때로 이중적이고 모호한 측면을 드러내곤 한다. 상황에 따라 우리의 구원자가 되기도, 살인자가 되기도 하며 더러는 그런 양면성을 동시에 보여주는 냉장고. 지금 우리는 그 복잡하고도 불편한 관계의 한복판에 서 있다.

제8장 냉장고가 꿈꾸는 쿨한 세상

처음 시작은 다소 불안정했지만 냉장고는 오랜 시간 수많은 기술 혁신을 거치며 차츰 인간 사회의 한 부분으로 자리 잡았다. 그 결과 한때는 생소하고도 선구적이었던 냉장고의 용도, 즉 음식을 원상태로 보존하고 요리를 준비하는 기능이 이제는 우리 일상에서 필수적인 요소로 받아들여지고 있다. 그동안 이 책의 초점을 주로 가정용 냉장고에 맞추었지만, 이처럼 냉각 기술을 활용한 장치들은 유사 이래 지금까지 셀 수 없이 다양한 용도로 쓰였다. 인간의 활동으로 기후 변화와 범지구적인 환경 문제가 발생하고 또 그것을 해결하려 애쓰는 이 시대에 우리가 먹거리 보관뿐 아니라 온갖 상품의 생산 단계나 과학 기술과 관련한 공정에도 냉각 기술을 계속 활용하고 또 거기에 점점 더 많이 의존한다는 사실은 가히 역설적이다.

세상에는 우리가 예상치 못한 장소에서 현대식 가정용 냉장고와는 다른 낯선 형태로 뜻밖의 기능을 수행하는 냉각 장치들이 존재한다. 열을 제거해 온도를 낮추는 기술은 과거에도 꽤 많이 활용되었지만 현대인의 관점에서는 그런 것들이 매우 생소하고 때로는 이상하기까지 하다. 도자기 형태로 제작된 아프리카 수단의 냉수기, 사막에서 얼음을 만들어내는 고대 건축물, 아이스박스와 얼음 저장고처럼 특정 지역의 문화를 반영하거나 전통이 깃든 구식 냉각 방식은 뛰어난 단순미에도 불구하고 한물간 기술, 이제는 못 쓸 기술로 취급받는다.

요즘 사람들은 냉장고를 보고도 대수롭지 않게 여기고 그 기술력을 당연시하는 경향이 있다. 이런 태도는 불필요한 냉장고를 길거리에 흔히 내다 버리는 데서 잘 드러난다. 20세기 중반에는 이런 일을 상상조차 할 수 없었다. 그 시절에 냉장고는 너무나 귀해서 지금처럼 쉽게 버릴 만한 물건이 아니었다. 고장이 나더라도 수리해서 쓰거나 다른 사람에게 넘겨주는 경우가 대부분이었다.

새로운 냉각 기술은 여러 분야에서 빠르게 받아들여지고 응용 단계를 거쳐 이내 일상적인 요소로 자리 잡는다. 한때는 놀랍고 진귀한 발명으로 평가받던 것이 점차 흔하고 특별하지 않은 기술로 취급받는 것이다. 대표적인 사례가 바로 아이스링크다. 산업용 냉각 장치가 갓 활용되기 시작하던 무렵에 인공 얼음으로 조성된 스케이트장은 그야말로 공학 기술이 달성한 큰 위업으로 평가받았다. 이는 염류와 돼지기름의 혼합물로 만들어 악취가 심했던 1840년대의 인공 아이스링크와 비교하면 분명 엄청난 발전이었다. 영국에서는 1931년에 런던 최대 규모로 건설된 스트레텀 아이스링크를 비롯한 몇몇 빙상장이 뛰어난 예술 작품처럼 다루어지기도 했다.[1] 그러나 오늘날 런던 곳곳에서 열리는 크리스마스 행사를 보면 계절마다 안팎의 장식을 달리하는 박물관과 미술관, 쇼핑센터, 학교 축제 등 장소를 막론하고 정말 아이스링크가 없는 곳이 없다. 한편 현존하는 세계 최대의 아이스링크는 면적이 약 2만 제곱미터로 이 역시 대단한 작품이라 할 만하다. 2014년 11월 모스크바에 세운 이 시설은 같은 해 초 동계 올림픽에서 쓰고 남은 냉각 장치를 재활용한 것이었다.[2]

냉장고라는 단어에 한 장소에서 다른 장소로 열을 이동시켜 "냉각 효과를 일으키는 무언가"[3]라는 가장 기본적이고 광범위한 정의를 적용하면 그동안 우리가 미처 생각지 못했던 새로운 것들이 냉장고의 범주에 들어온다. 이런 관점에서는 지구상에서, 또 우주상에서 냉각 효과를 내는 크고 작은 것들이 모두 냉장고에 속한다. 가령 세상의 모든 냉동화물선은 물 위를 떠다니는 컨테이너형 냉장고라 할 수 있다. 오늘날 냉장·냉동 화물을 나르는 선박들은 "옆으로 드러누워 느릿느릿 나아가는 마천루"[4]로 불리며 빅토리아 시대에 등장한 최초의 냉동선들을 난쟁이처럼 보이게 할 만큼 거대한 규모를 자랑한다. 현재 가장 큰 냉동화물선으로 손꼽히는 선박은 총 길이가 축구장 세 개를 합친 것과 같은 333미터에 달하며 길이 13미터짜리 컨테이너를 2,000개 이상 적재할 수 있다.[5]

그런데 이처럼 상상을 초월하는 크기의 냉장고가 산업화 시

• 20세기 초에 아프리카 수단에서 제작된 냉수기. 표면에 물을 적시면 증발 냉각 현상이 일어나 열이 방출되면서 도자기 내부 온도가 낮아진다. 1930년대에 런던과학박물관이 개최한 냉각기술박람회에서 전시된 바 있다.

•• 1898년 미국 뉴욕시에 세운 성 니콜라스 실내 스케이트장 전경. 드 라 베르뉴 냉각기 회사의 카탈로그에 수록된 사진으로, 냉각 파이프로 가득한 바닥에 물을 채우기 전과 얼린 이후의 모습을 비교한 것이다.

••• 1918년 스코틀랜드 그레트나에 소재한 한 화약 공장에서 냉각 설비를 다루는 노동자들. 제1차 세계대전 발발 당시 이 공장에서는 수천 명에 달하는 여성 직공들이 생명의 위협을 견디며 코르다이트 화약을 생산했다. 냉각 설비는 이런 작업장의 온도를 유지하는 데 큰 역할을 했다.

대에만 존재한 것은 아니다. 지금도 이란의 사막 이곳저곳에는 기원전 440년 이후 제작된 것으로 추정되는 페르시아 시대의 거대한 냉장창고 야크찰Yakhchāl이 남아 있다.[6] 범위를 한 층 더 넓혀보면 다양한 미생물을 냉동 상태로 유지해주는 지구의 영구동토대는 이들의 활동을 억제해서 대기 중에 이산화탄소와 메탄 같은 온실 기체의 대량 방출을 막는 천연 냉장고라 할 수 있다. 또 태초에 우주가 대폭발을 일으켜 시간과 공간이 생성되었다는 빅뱅 우주론에 의하면 우주 자체도 팽창과 함께 열에너지를 방출하며 온도를 떨어뜨리는 거대한 냉장고로 묘사할 수 있다.[7] 반대로 세상에는 눈에 보이지도 않을 만큼 작은 냉장고도 있다. 가로세로 길이가 각각 15마이크로미터, 25마이크로미터에 해당하는 초소형 냉각 칩을 이용하면 물질의 온도를 섭씨 영하 237도까지 낮출 수 있다.

냉각 기술이 가져온 위대한 변화

그동안 인류의 역사에서 냉각 기기는 우리가 생각지도 못한 곳에서 특별한 목적을 위해 다양하게 활용되었다. 양조 작업과 플라스틱 생산, 식품 가공 등의 산업 공정을 비롯해 빅토리아 시대에는 연어알을 냉장 수송하는 데도 쓰였고 극저온에서 세포 조직 샘플을 냉동하거나 페니실린 같은 주요 의약품의 개발, 더운 기후에서 변질되기 쉬운 백신을 안전하게 보관하는 것은 물론 우주선과 탄약 공장, 댐 건설 현장, 대규모 과학 실험 등에서 발생하는 열을 식히는 데도 냉각 장치가 사용되었다. 1930년대에 완성된 후버댐의 콘크리트 구조물은 길이 약 930 킬로미터에 달하는 냉각 파이프 덕분에 양생 과정에서 발생하는 열을 낮출 수 있었다. 공학 전문가들은 냉각 시설이 없었다면 그 많은 콘크리트의 열이 식는 데 125년은 족히 걸렸을 것이라고 추정했다.[8] 그 밖에도 가정용 냉장고를 포함한 각종 냉각 기기는 우리가 먹는 음식, 의약품, 맥주, 우리가 생활하는 건물과 자동차의 온도를 낮추고 우리 몸에서 나는 열도 식혀준다.

또한 냉각 장치는 D-웨이브D-Wave 양자컴퓨터 같은 최첨단 기기의 발열 현상을 제어하는 데도 필요한데, 이 컴퓨터의 이전 모델은 내부 온도가 0.015켈빈(섭씨 영하 273도보다 아주 조금 낮은 수준)까지 내려가 우주에서 가장 온도가 낮은 장소 중 하나로 분류되기도 했다.[9] 이러한 고성능 냉각 장치는 오늘날 세계에서 가장 규모가 크고 유명한 과학 실험, 즉 힉스 입자Higgs particle*를 발견한 유럽입자물리연구소의 대형 강입자 충돌기 충돌 실험이 성공하는 데도 크게 기여했다. 이 실험은 온도가 절

* 우주의 기원과 현상을 설명하는 현대 물리학의 표준 모형 이론에서 그 존재가 예측되었던 입자로, 물질을 이루는 소립자에 질량을 부여하는 매개체 역할을 한다. 1964년에 처음 언급된 뒤로 수십 년간 이론상으로만 존재했던 힉스 입자는 2012년 7월에 유럽입자물리연구소가 행한 대형 강입자 충돌기Large Hadron Collider, LHC 실험에서 실제로 관측되었다.

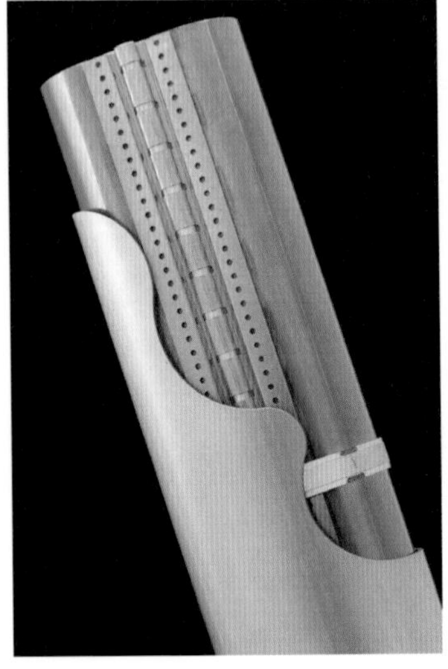

• 19세기 후반에 개발된 클린턴의 개량형 맥주 냉각기Clinton's improved beer cooler는 맥주를 얼음 위로 흘려보내 차게 식히는 장치였다.

•• 유럽입자물리연구소의 대형 강입자 충돌기는 세계 최대 규모의 극저온 냉각 시스템을 갖추고 있다. 3,000여 개가 넘는 특수관, 일명 빔 스크린에 부착된 냉각 튜브가 액체 헬륨을 순환시켜 실험용 초전도 자석의 온도를 무려 1.9켈빈(섭씨 영하 271도)까지 낮춘다. 이 냉각 작업에는 몇 주가 걸린다.

대 0도보다 약간 높은 극저온 상태에서 진행되는데, 이런 환경은 충돌기 내에서 양성자의 궤도를 잡아주는 초전도 자석이 정상적으로 작동하기 위해 꼭 필요하다.[10]

냉각 기술은 인류의 우주 유영 역시 가능케 했다. 우주복에는 착용자의 체온을 조절하는 액체 냉각 시스템이 갖추어져 있다. 우주 공간에서는 대류 현상에 의해 열이 이동하지 않으므로 이런 기능이 없으면 우주 비행사는 태양광이 비치는 부분과 그림자가 지는 부분 사이에서 매우 극심한 온도 변화를 겪게 된다.[11] 한편 이 특수한 우주복과 더불어 냉장고와 냉동고 역시 국제 우주 정거장까지 진출했다. 바로 중요한 생물학 실험 샘플들을 보관하기 위해서다. 옛날에 과학철학자 베이컨이 닭의 배 속에 눈을 채워 냉동 보존 실험을 하던 시절을 생각해보면 냉각 기술은 꽤나 먼 곳까지 진출한 셈이다.

다시 지구로 눈을 돌려서 일상적인 영역을 들여다보자면 사회 변화를 촉구하는 문화적 창구로서 사람과 사람 간의 소통과 자기표현을 매개하는 냉장고의 특별한 기능이 새롭게 눈에 들어온다. 일례로 2005년 초대형 허리케인 카트리나가 불어 닥쳤던 미국 뉴올리언스주에서는 버려진 냉장고가 물난리를 겪은 주민들에게 그들의 생각을 드러내는 도화지가 되어주었다. 모두가 살기 위해 어쩔 수 없이 집과 재산을 두고 떠나던 당시에 냉장고는 죄다 망가진 채 그 속에서 썩어버린 음식물처럼 쓸모없는 물건으로 변해버렸다. 그런 상황에서 사람들

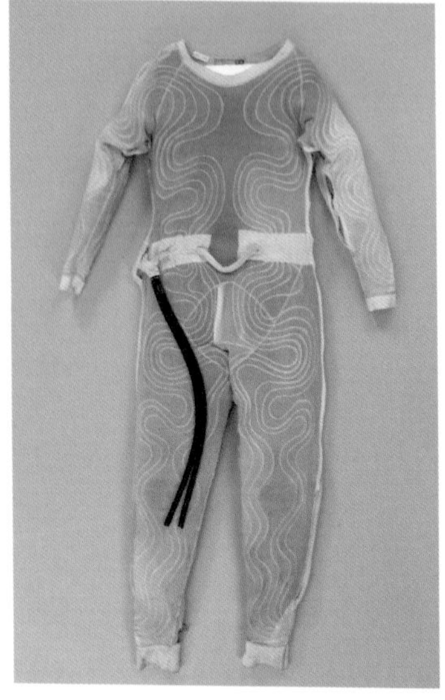

• 최신식 선외활동용 우주복을 입고 훈련 중인 우주 비행사들의 모습(2005). 안에 액체 냉각 속옷을 착용한 상태다.

•• 1950년대에 영국 왕립항공연구소가 개발한 액체 냉각 속옷은 고고도高高度 비행 시에 입는 여압복pressure suit 안에 착용한다. 냉각용 호스가 속옷 소재 사이에 삽입되어 있다.

은 무용지물이 된 하얀 냉장고를 화폭 삼아 좌절감과 분노, 유머가 묻어난 예술적인 그라피티를 남겼다.

이와 비슷한 예로 2011년에 런던 동부의 피시 아일랜드에는 폐냉장고 수십 대를 재활용해 만든 특별한 야외 영화관이 등장했다. 원래 이 냉장고들은 쓰레기 매립장이었던 런던 올림픽 공원(현재의 퀸 엘리자베스 올림픽 공원) 건축 부지에 버려진 것이었다.

앞서 언급한 특별한 사례 외에도 냉장고는 그간 일반 가정에서 일종의 '소통 센터'이자 가족 구성원의 생각을 표현하는 수단으로 자주 사용되었다. 자성을 띠는 냉장고의 표면이 메모판으로는 더할 나위 없이 유용한 덕분이다. 이메일과 휴대전화 문자, 소셜 미디어 등으로 채워진 디지털 세계가 점점 커져가는 가운데 이제 냉장고 문은 자필 메시지로 우리 자신의 흔적을 남기는 몇 안 되는 장소 중 하나가 되었다. 특히 2007년 앨리스 카이퍼즈Alice Kuipers가 낸 베스트셀러 소설《포스트잇 라이프*Life on the Refrigerator Door*》에서 냉장고를 매개로 한 가족 간의 소통에는 마구 휘갈겨 쓴 메모 이상의 의미가 담겨 있었다. 이 소설에서 냉장고는 주인공인 한 모녀가 메모지를 붙여가며 어머니의 암 선고 사실을 비롯해 평소에는 하지 못했던 속 깊은 대화를 이어가는 데 큰 역할을 했다.

소통과 정보 전달이라는 측면에서 현재 가전업계는 정보통신망에 의한 사람과 사람의 연결을 넘어 사물 인터넷 기술Internet

· 허리케인 카트리나 사태 이후, 핼러윈을 맞아 그라피티로 장식된 폐냉장고들.

·· 냉장고는 사용자의 개성이 담긴 수집 공간이자 장식 공간이 되기도 한다.

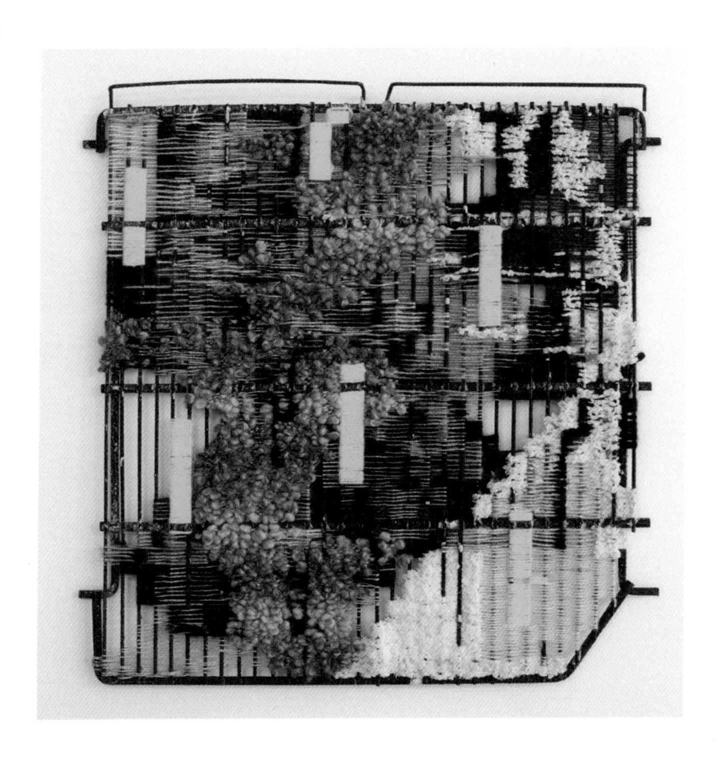

그리스 출신의 미술가 조이 폴Zoë Paul의 손길을 거쳐 예술로 재탄생한 냉장고 환풍망. 폴은 낡은 냉장고 환풍망을 이용한 태피스트리 작품 활동으로 냉장고의 발명이 지중해 지역의 사회와 문화에 미친 영향을 탐구하고 있다.

of Things*을 접목한 냉장고와 각종 전자기기 간의 연결을 기대하고 있다. 즉, 다양한 사물과 서비스의 결합으로 식품의 냉장·냉동 보관이라는 기본 틀을 넘어 냉장고의 기능을 또 다른 영역으로 확장하는 것이다. 가전기기 제조사들은 밀레니엄 시대가 시작된 이래로 줄곧 인터넷이 연결된 실용적인 스마트 냉장고의 출시를 약속해왔다. 실제로 최근 산업박람회 현장에서는 디스플레이 스크린을 장착하고 휴대전화와 인터넷 쇼핑, 음악 재생 기능 등이 연동되는 냉장고들이 꾸준히 등장하고 있다. 반면에 소비자들은 지금까지 냉장고와 스마트 기기를 무선으로 연결하고 주방을 음악이 흘러넘치는 파티장으로 뒤바꾸겠다는 가전업체들의 약속에 늘 미심쩍은 시선을 보내왔다.

지난날 참신한 기능으로 주목받았지만 결국 실패하고 만 제품들이 적지 않았던 만큼 냉장고의 새로운 미래를 꿈꾸는 이들에게는 어쩌면 지금이 과거를 되돌아볼 시점일지도 모른다. 이런 관점에서 2014년에 한 평론가는 1999년 이메일 송수신과 인터넷 뱅킹, 텔레비전 기능을 전면에 내세웠던 스크린프릿지Screenfridge의 실패 사례를 언급하며 모든 것을 스스로 알아서 관리하는 인터넷 냉장고란 "실현 가능성이 없음에도 결코 죽지 않는 좀비 같은 아이디어"라고 지적한 바 있다.[12]

* 다양한 사물이 센서를 통해 인터넷으로 연결되어 데이터를 실시간으로 주고받는 기술.

냉장고가 꿈꾸는 '쿨'한 미래

과거에 사람들이 상상하던 미래의 냉장고, 꿈의 주방은 당시 사회가 어떤 부분에 집중하고 있었는지를 잘 보여준다. 그 시절에 소비자들은 다양한 무역박람회와 주택박람회를 통해 체계적이고 유려한 디자인과 더불어 실현 가능성까지 갖춘 미래의 주방을 엿볼 수 있었다. 물론 개중에는 정말 공상 세계에서나 나올 법한 것들도 있었다. 그중 하나로 프리지데어가 1955년도 홍보 책자에서 소개한 '미래의 주방Kitchen of the Future'은 바로 다음 해 제너럴 모터스가 제작한 뮤지컬 형식의 단편 영화 〈꿈의 디자인Design for Dreaming〉에도 출현했다.[13] 영화에서 주연을 맡은 무용수 델마 태드록Thelma Tadlock은 〈오페라의 유령The Phantom of the Opera〉의 등장인물처럼 가면을 쓴 미지의 남자를 따라가 프리지데어의 미래형 주방을 보게 된다. 주부들이 꿈꾸던 주방의 이미지를 환상적으로 그려낸 이 영상에는 우주 시대의 디자인이 녹아든 반구형의 조리용 레인지가 등장했는데, 그 모습은 1950년대에 크게 인기를 끌었던 가상의 달 탐사기지와 비행접시를 떠오르게 했다. 그 밖에도 이 주방에는 완성된 요리의 형상을 미리 보여주는 스크린과 자동 거품기, 수많은 형광등과 알루미늄 소재로 구성된 조명 장치 등이 마련되어 있었다. 영상 속에서 배경음악과 함께 흘러나오던 여성의 목소리는 회전식 냉장고가 나오는 장면에서 이렇게 노래했다.

"새댁들은 이제 괴로워하지 않아도 돼요. 버튼만 누르면 모든 게 마법처럼 해결되니까."[14]

이 무렵 미래학자들은 그처럼 혁신적인 자동화 기기들이 당대의 사회적 과제였던 주부들의 과도한 가사 노동 문제를 해결해주리라고 내다보았다.

그 뒤 새로운 미래를 꿈꾸는 냉장고는 주방 이외의 영역으로도 발을 뻗었다. 사람들은 냉각 기술을 이용한 시간 여행의 가능성까지 떠올렸는데, 이 점은 냉동 인간을 소재로 한 우디 앨런Woody Allen의 1973년도 고전 코미디 영화 〈슬리퍼Sleeper〉에 잘 나타났다. 영화 속에서 앨런이 연기한 인물은 뜻하지 않게 냉동 수면에 들어가 200년 이후의 세계에서 다시 깨어난다. 이 작품은 완벽한 공상의 산물이지만 인체 냉동이라는 전례 없는 보존 기술과 관련해 당시 일었던 사회적 반향을 잘 보여준다.

영화가 아닌 현실에서 처음으로 냉동 보존된 인물은 미국의 대학 교수인 제임스 베드퍼드James Bedford로, 그는 〈슬리퍼〉가 개봉되기 몇 년 전인 1967년에 사망했다.[15] 그렇게 인류 최초의 냉동 인간이 탄생하자 평론가들은 죽음을 모면하는 길에 한 걸음 가까이 다가갔다는 비평을 내놓았고 《타임》은 〈죽는다는 소리는 이제 그만Never Say Die〉이라는 짤막한 표제를 내걸었다.

인체의 냉동 보존술까지 등장한 이 시점에서 장차 우리가 맞이할 차세대 냉각 기술은 무엇이 있을까? 가끔 그런 분야들을 보면 이미지 스케치나 구상 단계에서 정말 말도 안 될 법한 괴상한 장치가 등장하곤 하는데, 결과적으로는 상당수가 현실로 이루어질 것이다. 실제로 얼마 전까지만 해도 불가능한 꿈처럼 여긴 양자 냉장고quantum refrigerator가 한창 개발 중이고, 특수 금속과 자기장을 이용해 발열 및 흡열 반응을 일으키는 자기 냉동기magnetic refrigerator 역시 쿨테크 어플리케이션즈Cooltech Applications가 끝내 제품 상용화에 성공했다. 이런 기기들은 오존층을 파괴하는 냉매는 물론이고 에너지 소비가 많은 기계식 압축기와 그에 수반되는 소음 없이 극저온 상태를 만들 수 있다. 또 현재는 매우 간단한 구조로 음파와 비활성 기체 혼합물을 이용해 냉각 효과를 얻는 열음향 냉동기thermoacoustic refrigerator도 시제품 제작 단계에 들어섰다. 그런가 하면 네덜란드 출신의 산업 디자이너 플로리스 스혼더르베이크Floris Schoonderbeek는 전원을 연결하지 않고 땅에 묻어 사용하는 캡슐형 냉장고를 만들었다. 이 제품은 형태나 기능 면에서 이 책의 초반부에서 다루었던 얼음 저장고를 떠올리게 한다.[16]

지난 1930년대에 크로슬리 냉장고에 추가된 라디오 수신기가 그러했듯이 오늘날 냉장고에 적용된 여러 가지 신기술과 디자인, 편의 기능 중 일부는 아마도 별 반향을 얻지 못한 채 시장에서 사라질 것이다. 물론 개중에는 그와 반대로 대중의 사랑을 얻어 다음 세대까지 계속 쓰이는 기술도 있을 것이다.

지금 냉장고는 확실성과 불확실성이 공존하는 미래로 나아가는 중이다. 특히 최근 조사된 자료들에 따르면 현대 가정에서 선호하는 가전제품의 유형과 추세는 몇 가지 요인으로 크게 나뉜다고 한다. 현재 많은 나라에서 환경 규제책으로 에너지 소비효율이 더 높은 기기를 생산하도록 하지만 한편에서는 냉장고에 더 많은 기능을 추가하거나 '용량이 큰' 제품을 구매하려는 경향이 나타나 친환경 정책의 효과를 사실상 상쇄하고 있다. 또 일부 국가와 문화권에서는 가정용 냉장고를 자유롭게 선택하고 사용할 수 있는 길이 이제 막 열렸다. 냉장고는 중국과 인도처럼 수많은 공장을 보유한 신흥 시장에서 인기 상품으로 떠올랐다. 최근 친환경 가전제품 개발에 투자를 많이 하는 중국의 경우, 가정용 냉장고를 사용하는 인구 비율은 2005년과 2015년 사이에 전체의 20퍼센트에서 약 90퍼센트 수준으로 대폭 증가했다.[17]

요즘은 위와 같이 에너지 고갈을 초래하는 대규모 경제 활동과 성장에 대한 일침 혹은 반작용으로 전기냉장고가 없던 시절의 삶으로 돌아가려는 사람들도 있다. 대표적인 예로는 대규모 재난이나 인류의 종말 같은 사태에 대비해 자급자족을 추구하는 미국의 생존주의 운동 지지자들을 들 수 있다. 이들은 전기 시설이나 통신 시스템이 고장 날 경우에 대비해 직접 아이스박스형 냉장고를 만들기도 한다. 물론 그보다 현실적인 측면으로 전기 요금을 절감하는 효과도 있다.[18] 얼핏 이런 운동에 무슨 의미가 있을까 싶지만 생각해보면 꼭 그렇지만도 않다. 가구 제조사인 이케아Ikea가 2015 밀라노디자인위크 행사에서 공개한 2025년도 미래의 주방 예상 모형에서는 전기냉장고 모습을 전혀 찾아볼 수 없었다. 그곳에서는 이번 장 초반에 나왔던 수단산産 냉수기처럼 자연 냉각이 가능한 토기와 과거의 식료품 저장실을 연상하게 하는 자동 온도 조절식 선반이 냉장고를 대신했다.[19]

이제 냉장고 디자인은 점점 더 창의적이고 스마트하게 변하고 있다. 현시대는 새로운 감각을 지닌 신세대 디자이너와 엔지니어 들에게 가전제품과 산업 장비의 구조 및 기능을 근본부터 다시 들여다보길 요구하고 있으며 이들은 그런 흐름에 발맞추어 통념을 뒤엎는 혁신적인 발상을 쏟아내고 있다. 가령 일렉트로룩스가 2003년부터 매년 개최해온 디자인랩 공모전(2016년 일렉트로룩스 아이디어랩으로 변경)에서는 냉장고를 포함해 업계 관계자들의 영감을 자극하는 참신한 디자인이 잇달아 등장했다. 최근에는 신기술과 신소재를 적극 활용한 작품이 많은데 그중에서 특히 관심이 가는 것은 2010년도 결승 진출작인 바이오 로봇 냉장고의 콘셉트 디자인이다. 이 냉장고는 생체고분자 물질의 생물발광 능력을 이용해 음식물을 냉각하며 별도의 문이나 선반이 필요하지 않다. 냉각실 안에 음식을 밀어 넣으면 특수 겔이 자동으로 그 주위를 둘러싸기 때문이다. 그 외에 조금 더 현실적인 기술을 적용한 기기로는 현재 열대 지역에서 백신과 의약품 등을 보관하는 데 쓰이는 태양광 냉장고가 있다.[20]

보통 미래의 기계 장치라고 하면 현대인에게 익숙한 형태와 기능에서 많이 벗어난 피상적이고 초현실적인 물건을 떠올리기 쉽다. 그러나 우리가 실제로 맞이할 미래의 가정용 냉장고는 방금 언급한 현실 속의 태양광 장치나 가상의 바이오 로봇 냉장고에 훨씬 더 가까울 것이다. 비록 앞으로 이런 기계 장치들이 어떤 모습을 하고 또 거기에 어떤 새로운 기술이 쓰일지는 알 수 없지만, 냉장고가 제 기능을 못 할 경우 현대 사회가 지금처럼 돌아갈 수 없다는 것만은 확실하다. 결국 냉장고는 여태 그래왔듯이 우리와 줄곧 함께하며 그 말뜻 그대로 '쿨한' 미래를 열어갈 것이다.

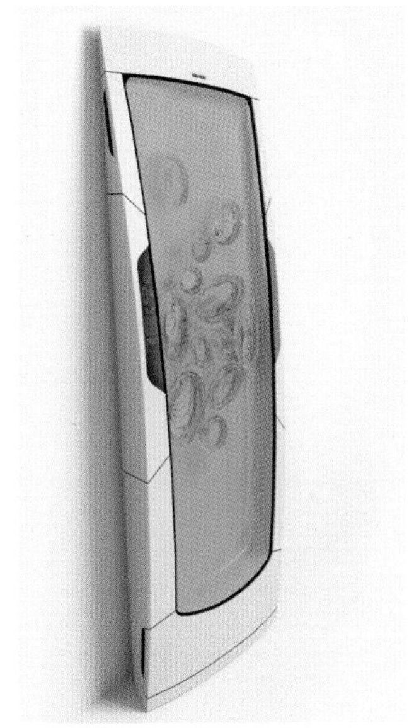

- 액체질소를 이용해 각종 세포를 보관하는 크라이오플러스 IIICryoplus III 냉동 보존 장치(모델 번호 8153번). 생물 세포를 가사 상태, 즉 생체 기능은 정지되었지만 여전히 살아 있는 상태로 유지시키는 장치로서, 세포 동결 용기를 2만 5,000개까지 수납할 수 있다.

•• 유리 드미트리예프Yuriy Dmitriev가 2010년 일렉트로룩스 디자인랩 공모전에 출품한 바이오 로봇 냉장고. 음식물을 겔 형태로 된 냉각실에 밀어 넣어 시원하게 보관한다.

미주

책을 시작하며

1 미국의 푸드 네트워크 채널에서 방영된 요리 방송 〈굿 이츠Good Eats〉의 진행자이자 코미디언인 앨턴 브라운Alton Brown이 2005년에 한 인터뷰. "'Good Eats' Guru Alton Brown Talks About His Heat Thing", www.channelguidemagblog.com, 16 September 2005.

2 1663년 왕립 헌장에 의해 인가된 이 단체의 정식 명칭은 '자연과학 진흥을 위한 런던왕립학회The Royal Society of London for Improving Natural Knowledge'다.

3 www.oxforddictionaries.com.

4 Tara Garnett and Tim Jackson, "Frost Bitten: An Exploration of Refrigeration Dependence in the uk Food Chain and its Implications for Climate Policy", paper presented to the 11th European Round Table on Sustainable Consumption and Production, Basel(2007).

5 다행히도 런던과학박물관은 가정용 냉장고와 관련한 세계 최고 수준의 소장품들을 보유하고 있다.

제1장. 얼음 장수의 왕림

1 빅토리아 시대에 살던 미국인이라면 아마 이 물건을 더 쉽게 알아보았을 것이다. 19세기에 아이스박스는 미국에서 훨씬 더 광범위하게 사용되었기 때문이다.

2 콜로라도 주립대학교 역사학 교수인 조너선 리스Jonathan Rees가 설명하기로, 전기나 가스를 이용한 냉장고가 널리 보급되기 전까지는 오늘날 아이스박스로 불리는 물건에 'refrigerator'라는 이름이 붙었다고 한다. Jonathan Rees, "Icebox v. Refrigerator", www.moreorlessbunk.net. 아이스박스에 'refrigerator'라는 명칭을 처음 사용한 사람은 미국의 토머스 무어Thomas Moore다. 원래 무어는 직접 만든 아이스박스를 'refrigeratory(응결 장치)'로 불렀지만 1803년에 특허를 신청하면서 최종적으로 'refrigerator icebox'라는 이름을 제출했다. 그는 *An Essay on the Most Eligible Construction of Ice-houses: Also, A Description of the Newly Invented Machine Called the Refrigerator* (Baltimore, MD, 1803)에서 이 발명품을 소개했다.

3 Merritt Ierley, *The Comforts of Home: The American House and the Evolution of Modern Convenience*(New York, 1999), p. 168.

4 '저온 유통 체계'는 언뜻 보기에 단순한 용어 같지만, 그 이면에는 길고도 복잡한 역사가 숨어 있다. 저온cold이라는 단어에 식품을 원산지에서 목적지까지 보존한다는 의미가 담기고 '저온 유통 체계'라는 표현이 지금처럼 통용된 시기는 20세기로 추정된다. 현재 이 방식은 식품과 의약품 수송에 일상적으로 활용되고 있다.

5 Albanus Mons. N. Webster, Jun., Esq., "A Dissertation on the Supposed Change in the Temperature of Winter", *Memoires of the Connecticut Academy of Arts and Sciences*, I/I(New Haven, CT, 1810), pp. 1~68을 참고할 것. 당시 보고서들을 보면 로마인들은 음료(특히 와인)를 차게 식히거나 냉수욕실frigidarium을 만드는 데 얼음을 주로 썼다고 한다.

6 냉장 보관 기술과 통조림 제조법은 음식물의 맛과 식감에 가장 영향을 적게 미치는 특별한 보존 방법에 속한다.

7 17세기 초 제임스 1세James I는 런던의 그리니치에 얼음 저장고를 지었다. 당시 이 저장고는 눈구덩이snow pits로 불렸다. Jill Norman,

"Introduction", in Elizabeth David, *Harvest of the Cold Months: The Social History of Ice and Ices*(New York, 1994), p. xv.

8 1660년 11월에 탄생한 영국왕립학회는 몇 년 뒤에 왕실 칙허장Royal Charter을 받았다. 창설 회원으로 로버트 보일Robert Boyle, 존 에벌린John Evelyn, 에드먼드 월러Edmund Waller가 포함되어 있다.

9 Hannah Glasse, *The Art of Cookery, Made Plain and Easy*(London, 1767 edn), p. 332. 1747년에 출간된 초판과 다르게 1751년판에는 산딸기 아이스크림 요리법이 포함된 〈추가편Additions〉이 수록되었다.

10 여기서 얼음이란 순수한 얼음이 아니라 조지 왕조 시대(18세기 초~19세기 초)에 계절 별미로 인기를 얻었던 빙수 또는 아이스크림을 섞은 디저트를 뜻한다. 경제 사정이 넉넉했던 제인 오스틴의 오빠 에드워드Edward Austen는 영국 켄트주의 가드머셤에 위치한 자택에 얼음 저장고를 마련해두었다. Alan Cooper, *World Below Zero: A History of Refrigeration in the UK*(Aylesbury, 1997), p. 2.

11 John Seymour, *The National Trust Book of Forgotten Household Crafts*(London, 1992), pp. 44~45.

12 미국 제3대 대통령으로 버지니아주 샬러츠빌의 사유지에 얼음 저장고를 보유했던 토머스 제퍼슨Thomas Jefferson은 겨울마다 얼음 저장고를 보충하기 위해 인근 강에서 가져와야 할 얼음의 양이 마차 60대분이라고 추산했다.

13 월러는 그린파크 얼음 저장고를 소재로 삼은 명시 〈세인트 제임스 공원에 관하여On St James's Park〉에서 한 해 내내 "수정 같은 얼음"을 보존하는 얼음 저장고의 신비로움을 이야기했다.

14 John Evelyn, "An Account of Snow-pits in Italy", in R. Boyle, *New Experiments and Observations Touching Cold*(London, 1665), pp. 407~409. 에벌린의 보고서는 그의 생전은 물론이고 사후, 이를테면 1845년도 《일러스트레이티드 런던 뉴스*Illustrated London News*》 기사 등에도 널리 인용되었다. 이 시대 이후 얼음 보관에 쓰인 지하 저장고나 동굴

들은 내장재로 벽돌을 두르고 지면 위로 돔형 지붕을 올린 형태가 일반적이었다.

15 Andrew Wynter, *Our Social Bees; or, Pictures of Town and Country Life, and Other Papers*(London, 1865 edn), pp. 248~249. 이 책의 초판은 1861년에 출간되었다.

16 "Ice: Its Production and Application", *Illustrated London News*, 11 July 1863, p. 51.

17 *Illustrated London News*, 17 May 1845, p. 315.

18 일설에 의하면 16세기에서 19세기 사이에 세계 각지에서 기온 저하 현상이 이어진 시기가 있다고 한다. 그 영향은 지역마다 달랐지만 유럽과 북아메리카는 실제로 다른 때보다 추운 겨울을 보냈다. 또 최근 연구에 의하면 오스트레일리아 인근 지역과 남아메리카 역시 전반적으로 기온이 낮았다고 한다.

19 리스는 "튜더 이전에는 저온 유통 체계를 착안한 사람이 아무도 없었다"라며 튜더가 오늘날의 냉장고 문화에 얼마나 큰 영향을 미쳤는지 역설했다. Jonathan Rees, *Refrigeration Nation: A History of Ice, Appliances, and Enterprise in America*(Baltimore, MD, 2013), p. 14.

20 처음에 튜더는 얼음 무역에 실패해 4,500달러가량의 손실을 보았다. 그는 길고도 고통스러웠던 실패의 여정에서 많은 것을 배운 뒤 서서히 세계적인 얼음 수출업자로 발돋움했다. Gavin Weightman, *The Frozen Water Trade*(New York, 2003). 한편 튜더는 1805년부터 1822년까지 쓴 《얼음 창고 일기 *Ice House Diary*》에 본인의 사업 이야기를 정리했다.

21 "Frederic Tudor, Ice King", *Proceedings of the Massachusetts Historical Society*(November 1933), www.iceharvestingusa.com.

22 Bodil Bjerkvik Blain, "Melting Markets: The Rise and Decline of the Anglo-Norwegian Ice Trade, 1850~1920", *Working Papers of the Global Economic History Network*(2006), p. 2.

23 *Illustrated London News*, 17 May 1845, p. 315. 물론 그 자리에는 정기적으로 새 얼음이 보충되었다.

24 1869년에 이르러 영국의 얼음 소비량은 13만 톤이 넘었는데 그 가운데 11만 톤이 해외에서 수입된 것이었다. 얼음 수요의 절반가량은 런던시가 차지했고 나머지는 대부분 동부 해안의 여러 어항漁港에서 북해산 생선을 포장하는 데 쓰였다. Cooper, *World Below Zero*, p. 4.

25 *Illustrated London News*, 17 May 1845, p. 315.

26 두 지하 저장고는 요즘도 방문객들에게 개방되어 있으며 몇몇 인근 건물의 이름에는 오래전에 끊긴 얼음 무역의 흔적이 아직 남아 있다. 관련 웹사이트에는 얼음 저장고 내부를 볼 수 있는 웹캠까지 마련되어 있다.

27 "London Ice-carts", *Illustrated London News*, 5 January 1850, p. 2.

28 당시 미국과 영국을 비롯한 여러 지역에는 천연 얼음을 수확할 목적으로 만든 작은 호수와 연못이 많았다.

29 그 시절에 미국에서 1월과 2월은 얼음을 수확하는 달로, 호수나 연못 등지에서 거두어들인 얼음의 두께는 25~45센티미터에 달했다. 얼음 수확에 가장 적합한 기온은 섭씨 0도보다 조금 낮은 온도인데 이는 수확 후에 얼음덩어리에 묻은 물기가 금방 다시 얼어붙기 때문이다. R.J. McGinnis, *The Good Old Days: An Invitation to Memory*(New York, 1960), pp. 121~122.

30 *Illustrated London News*, 17 May 1845, p. 315.

31 Andrew Wynter, *Our Social Bees*, pp. 245~246. 윈터는 자신의 책에서 얼음 수확 작업을 매우 자세하게 설명했다. 최근 자료를 확인하고 싶다면 Paula Tracey, "Meet the 860-year-old Master of the Ice Harvest", www.wmur.com을 참고할 것.

32 이러한 장비들 가운데 상당수는 미국의 탐험가이자 사업가 겸 발명가로 튜더의 회사를 관리하며 때때로 얼음 수확 현장을 감독했던 너

세니얼 와이어스Nathaniel Wyeth의 작품이다. Jill Sinclair, *Fresh Pond: The History of a Cambridge Landscape*(Cambridge, MA, 2009). 와이어스는 단열벽을 이중으로 설치한 지상용 얼음 저장고를 고안하기도 했다.

33 *Illustrated London News*, 17 May 1845, p. 315. cwt 또는 hundredweight는 미국과 영국에서 무게 측정시 사용하는 단위다. 미국에서는 1cwt가 100파운드(약 45.4킬로그램), 영국에서는 112파운드(약 50.8킬로그램)에 해당한다. 여기서는 2cwt에 어떤 기준이 적용되었는지 확실치 않지만, 해당 기사가 런던에서 발행된 신문에 실렸으므로 영국 기준일 가능성이 크다. 당시에 호수에서 캐낸 얼음덩어리의 크기는 수송 거리에 따라서 달라지곤 했다. 크기가 클수록 장거리 운송시에 손실될 우려가 줄어들기 때문이다. 웨넘호 얼음 회사는 보통 넓이 53제곱센티미터에 높이 30~45센티미터 정도의 크기로 얼음을 잘랐다.

34 Andrew Wynter, *Our Social Bees*, p. 245.

35 *Illustrated London News*, 17 May 1845, p. 315.

36 얼음의 깨끗함과 순수함을 강조한 문구들은 그 뒤 20세기 들어 아이스박스와 가정용 냉장고 광고에 다시 등장했다.

37 반대로 겉보기에 흐리터분하고 지저분해 보이는 얼음은 품질 면에서 종종 의심을 사곤 했다. 옛 자료들을 보면 미국의 웨넘 호수 얼음은 유달리 깨끗했다고 한다. 이 얼음은 당시에 안전한 식품으로 인정받으며 칵테일 재료로 많이 활용되었다.

38 *Illustrated London News*, 17 May 1845, p. 315.

39 쥘리앵은 청중이 자유롭게 거닐거나 춤추면서 관람하는 프롬나드 콘서트promenade concert를 창안한 인물로 알려져 있다. 당시에 그는 빅토리아 여왕에게 바치는 무도곡의 지휘자로 유명했다. 〈펀치Punch〉는 그의 음악적 업적을 언급할 때마다 영국의 백작 부인들에게 "폴카 댄스를 유행시킨 인물"이라고 비꼬곤 했다. Charles L. Graves, *Mr Punch's History of Modern England*, vol. I: *1841~57*(London,

1921), p. 212를 참고할 것.

40 *The Times*, 1 July 1846, p. 4.

41 소이어는 당시 주방에 최신 과학 기술을 도입한 요리 분야의 선두주자였다. F.J. Clement-Lorford, *Alexis Soyer: The First Celebrity Chef*, www.academia.edu, 6 March 2015.

42 *The Times*, 16 October 1844, p. 7.

43 Andrew Wynter, *Our Social Bees*, p. 251.

44 *Illustrated London News*, 17 May 1845, p. 316.

45 Isabella Beeton, *The Book of Household Management*(London, 1861), p. 756; *The Book of Household Management*(London, 1907), p. 72.

46 Ethel R. Peyser, *Cheating the Junk-pile: The Purchase and Maintenance of Household Equipment*(New York, 1922). 이 책에는 작가가 《하우스 앤드 가든*House and Garden*》에 연재했던 글들이 수록되어 있다.

47 Merritt Ierley, *The Comforts of Home*(New York, 1999), p. 168. 부피 1세제곱피트(약 28리터)에 해당하는 얼음의 무게는 약 25킬로그램에 달한다. 아이스박스를 제대로 활용하려면 반드시 며칠에 한 번씩 새로 얼음을 보충해야 할 것이다.

48 Sarah A. Chrisman, *This Victorian Life: Modern Adventures in Nineteenth-century Culture, Cooking, Fashion, and Technology*(New York, 2015), pp. 125~133. 이 책은 www.thisvictorianlife.com에서 구매할 수 있다.

49 1907년에 출간된 《육해군 구매조합상점 상품 안내서》는 《지난날의 쇼핑Yesterday's Shopping》이라는 제목으로 재출간되었다. *Yesterday's Shopping*(Newton Abbot, 1969), pp. 183, 211, 599, 944.

50 이런 아이스박스형 냉장고들의 내부는 깨끗하고 새하얀 마감 소재로 꾸며지곤 했다.

51 *Illustrated London News*, 17 May 1845, p. 315.

52 "Dublin History and Culture", *Shanachie Magazine*, vol. III(1998).

53 당시 전쟁에서 병사들이 사망하는 원인 중에는 보존 상태가 좋지 않은 음식도 있었다.

54 *Ann Arbor Argus*, 6 July 1894, p. 7.

55 *San Francisco Call*, 8 June 1890, front page.

56 Blain, "Melting Markets", p. 23.

제2장. 냉각 기술의 발명

1 British Electrical Development Association(BEDA), *Electric Domestic Refrigerator Handbook: A Guide to Practical Maintenance*, 2nd edn(London, 1952), p. 1.

2 Alan Cooper, *World Below Zero: A History of Refrigeration in the UK*(Aylesbury, 1997), p. 4. 인공 얼음과 산업용 냉각기가 실제로 유용하게 쓰이기 시작한 것은 1880년대부터였다.

3 W.R. Woolrich, *The Men Who Created Cold*(New York, 1967), p. 7.

4 Cooper, *World Below Zero*, p. 27.

5 W.R. 울리치가 쓴 《냉기를 창조한 사람들*The Men Who Created Cold*》에는 18, 19세기에 냉각 기술 개발에 이바지한 인물들의 일대기가 많이 수록되어 있다.

6 Elizabeth David, *Harvest of the Cold Months: The Social History of Ice and Ices*(London, 1994).

7 Cooper, *World Below Zero;* Woolrich, *The Men Who Created Cold*; R. Thévenot, *A History of Refrigeration Throughout the World*(Paris, 1979)를 참고할 것.

8 Ruth Schwartz Cowan, "How the Refrigerator Got its Hum", in *The Social Shaping of Technology: How the Refrigerator Got Its Hum*, ed. Donald MacKenzie and Judy Wajcman(Manchester, 1985), p. 204.

9 H.T. Pledge, *A Five Year Bibliography of the Applications and Testing of Refrigeration, and of its British Patents, 1929~1933*(London, 1934).

10 런던대박람회Great London Exposition라고도 한다.

11 퍼킨스는 1834년에 '개선된 얼음 생산 기구와 냉각용 유체Apparatus and means for producing ice, and in cooling fluids'로 특허를 얻고 10년 뒤인 1844년 실사용이 가능한 최초의 냉각 장치에 관한 특허를 취득했다. 그는 보일러와 증기 기관 개발에 뛰어난 재능을 보인 것으로 더 유명하다. 퍼킨스의 발명품은 1755년에 반진공 상태에서 에테르를 증발시켜 얼음을 만든 윌리엄 컬런William Cullen의 연구를 바탕으로 완성되었다.

12 냉매가 사라지지 않고 계속 순환하는 시스템이 완성된 것은 모두 이 발명 덕분이다. 퍼킨스는 이 기계를 다음과 같이 설명했다. "휘발성 유체를 써서 액체를 얼리거나 차갑게 만드는 한편, 그 유체를 지속적으로 응결시켜 낭비 없이 반복해서 이용할 수 있다." *The Repertory of Patent Inventions and other Discoveries and Improvements in Arts, Manufactures, and Agriculture*, New Series, vol. III(London, 1837), p. 15.

13 영국과 미국, 유럽에서는 19세기 들어 한참이 지나서도 천연 얼음이 여전히 식음료를 차게 보관하는 가장 경제적인 수단으로 통했지만 오스트레일리아는 그렇지 않았다.

14 *Illustrated London News*, 29 May 1959, p. 546. 1873년에 해리슨은 증기선인 노퍽Norfolk호를 이용해 오스트레일리아에서 영국 런던까지 얼린 소고기와 양고기 20톤을 수송하려 했다. 그러나 불행히도 냉각 설비에 문제가 생겨 항해 도중에 고기가 모두 썩고 말았다. 이 사건으로 많은 사람이 냉장·냉동 상태로 보관된 식품을 불신하게 되었고 해리슨은 안타깝게도 곤궁하게 살다가 1893년에 숨을 거두었다. Michael Symons, *One Continuous Picnic: A Gastronomic History of Australia*(Melbourne, 2007), p. 103을 참고할 것.

15 *Illustrated London News*, 29 May 1858, p. 546. 해리슨과 시브가 함께 만든 첫 번째 제빙기는 런던의 트루먼 양조장에 팔렸다.

16 해리슨은 얼음 공장을 몇 곳에 세우고 시브-해리슨 제빙기를 판

매했지만 이 사업은 잘되지 않았다. H.G. Goldstein, "Birth and Growth of the Refrigeration Industry", in *Refrigeration Annual*(1966), p. 41. 그는 오스트레일리아에서 바원 강이 지나는 록키 포인트 지역에 세계 최초로 상업용 얼음 공장을 세운 바 있다.

17 *Illustrated London News*, 29 May 1858, p. 546; D. Clarke, *The Exhibited Machinery of 1862: A Cyclopedia of the Machinery Represented at the International Exhibition*(London, 1862), p. 277.

18 *Illustrated London News*, 29 May 1858, p. 546.

19 런던과학박물관은 당시 생산된 제품들 중 두 대를 소장하고 있다.

20 독일의 공학자 카를 폰 린데Carl von Linde는 에테르와 암모니아를 활용한 압축식 냉각법 연구에서 여러모로 선구적인 역할을 했다. 그는 독일 뮌헨의 한 맥주 양조장에 직접 개발한 냉각기를 설치하고 그곳에 냉각 기술 연구소도 함께 세웠다. 또 그는 여러 나라에 자신의 발명품을 생산하고 판매하기 위한 회사를 설립하기도 했다. Harry Miller, *Halls of Dartford*, 1785~1985(London, 1985), p. 69를 참고할 것.

21 페르디낭 카레는 동생인 에드몽 카레Edmond Carre의 발명품(황산과 물을 이용한 흡수식 냉각 장치)을 재차 연구해 제빙기를 만들었다. 그는 물과 암모니아를 흡수제와 냉매로 활용한 이 장치로 1859년에는 프랑스에서, 1960년에는 미국에서 특허를 받았다. 그가 만든 기기는 한 시간에 200킬로그램에 달하는 얼음을 생산했다.

22 가스 흡수식 장치는 기계의 힘으로 냉각 효과를 내는 증기 압축 방식 대신 열원과 화학적인 가스 흡수 반응을 이용한다. David Banks, *An Introduction to Thermogeology: Ground Source Heating and Cooling*, 2nd edn(Oxford, 2012), p. 92. 카레는 산업용 제품과 가정용 제품을 모두 전시했다. 이 장치에 관한 세부 설명과 각 부위의 상세 이미지에 관해서는 *The Engineer*, 9 October 1863, pp. 214~216을 참조할 것.

23 이 장치는 냉매로 암모니아 대신 황산을 이용한다.

24 "Ice: Its Production and Application", *Illustrated London News*, 11 July 1863, p. 51.

25 *Catalogue of the 1862 Exhibition*, Class VIII, p. 90.

26 "Artificial Production of Ice", *Illustrated London News*, 15 May 1847, p. 318.

27 *Catalogue of the 1862 Exhibition*, Class XXXI(Iron and General Hardware)에서 볼 수 있다.

28 "The International Exhibition", *Illustrated London News*, 16 August 1862, p. 194.

29 같은 곳.

30 David, *Harvest of the Cold Months*, pp. 172~180.

31 Karal Ann Marling, *Ice: Great Moments in the History of Hard, Cold Water*(St Paul, MN, 2008), pp. 71~72. 안타깝게도 고리는 세간의 비난 속에 제빙기를 만들 자금 확보에 실패하면서 건강이 쇠해져 1855년에 세상을 떠났다. 실제로 천연 얼음 무역의 지지자들이 그를 조직적으로 모함했던 증거가 일부 남아 있는데, 고리는 그 배후에 튜더가 있다고 의심했다.

32 Sue Sheppard, *Pickled, Potted and Canned: How the Art and Science of Food Preserving Changed the World*(New York, 2000), p. 294.

33 Nicholas Carr, "Should the Laborer Fear Machines?", www.theatlantic.com, 29 September 2014.

34 Dachang Cong, "Amish Factionalism and Technological Change: A Case Study of Kerosene Refrigerators and Conservatism", *Ethnology*, XXXI/3(July 1992), pp. 205~218.

35 린데는 냉각 기술 연구에 매진해 큰 성공을 거두었다. 그는 암모니아를 이용한 첫 발명품을 뮌헨의 맥주 공장에 설치한 뒤 각국에 회사를 설립하는 한편 활발한 연구 활동을 이어갔다. 여러 냉각 방식의 에너지 효율을 살펴본 연구에서 그는 공기 냉동법보다 증기 압축

법이 우월하다고 결론 내렸다. 또한 암모니아가 독성 때문에 기피되는 경향이 있지만 열역학적인 특성 면에서는 가장 좋은 냉매라고 평가했다.

36 영국에서는 1885년에 린데의 냉각법에 관한 특허를 취득할 목적으로 린데 영국 냉동 회사Linde British Refrigeration Company(라이트풋 냉동 회사의 전신)가 설립되었다. 벨-콜먼 기계 냉동 회사는 켈빈 남작을 통해 만난 벨Bell 형제와 J.S. 콜먼J.S. Coleman이 당시 취득했던 여러 가지 특허권을 토대로 세운 기업이다.

37 19세기에 양조업자들은 새로운 과학 기술에 특히 관심이 많았다. 실제로 1862년도 만국박람회 카탈로그를 보면 당시 출품된 냉각 장치 대다수가 맥주 양조장을 위해 개발된 것이었다. 냉각 장치가 도입되면서 양조업자들은 온도 변화에 민감한 효모를 잘 관리하며 1년 내내 맥주를 생산하게 되었다.

38 Cooper, *World Below Zero*, Preface. 가정용 기기에 적합한 소형 압축기는 20세기 초에 처음 만들어졌다.

39 당시에 5,500마리분의 양고기를 날랐던 파라과이Paraguay호에서는 카레의 암모니아 흡수식 냉각기가 사용되었고, 르 프리고리피크Le Frigorifique호에서는 샤를 텔리어Charles Tellier가 개발한 에테르 증기 압축식 냉각기가 사용되었다.

40 *The Engineer*, 28 October 1881, p. 318. 공기 냉동기는 에너지 효율이 떨어지고 부피도 큰 편이었다. 결국 19세기 말에는 증기 압축식 장치에 밀려났다.

41 Miller, *Halls of Dartford*, p. 67.

42 같은 곳.

43 Science Museum Documentation, scm/1006/75/4.

44 20세기 초에 런던에서 가장 유명했던 리츠 호텔을 비롯한 세계 유수의 호텔들은 얼음 생산 설비를 갖추고 있었다. J.W. Anderson, *Refrigeration*(London, 1908), p. 199.

45 *The Times*, 16 June 1886.

46 Tara Garnett and Tim Jackson, "Frost Bitten: An Exploration of Refrigeration Dependence in the uk Food Chain and its Implications for Climate Policy", paper presented to the 11th European Round Table on Sustainable Consumption and Production, Basel(2007), p. 8.

47 L.C. Auldjo, "Mechanical Refrigeration, with Details of an Ammonia Compression Machine, and Description of Various Methods of Refrigeration", *Minutes of Proceedings of the Engineering Association of New South Wales*, X(May 1895), p. 40.

48 같은 곳, p. 45. 당시에는 전문가들도 냉동기에 사용하는 윤활유가 공기 순환 과정에서 기기 내부로 혼입된 습기와 함께 고기를 오염시킬 우려가 있다고 보았다. 그 결과 19세기 후반에는 유해 화학 물질을 쓰지 않았던 J.&E. 홀사의 '건조 공기' 냉동기가 인기를 끌었다.

49 같은 책, p. 40.

50 Lauren Janes, *Colonial Food in Interwar Paris: The Taste of Empire*(London, 2016), pp. 38~39.

51 *The Farmer's Magazine*, II/I(1838), p. 139에 실린 1838년 12월 26일자 편지.

52 Charles Dickens, *Oliver Twist, or the Parish Boy's Progress*(London, 1838), vol.I, pp. 21~22.

53 Departmental Committee on Combinations in the Meat Trade, British Parliamentary Papers(pp) 1909(Cd.4643) XV, para. 7; Report of the Select Committee on Marking Foreign Meat(pp) 1893-4, XII, quoted in D.J. Oddy, "Food Quality in London, 1870~1938", XIV *International Economic History Congress*(Helsinki, 2006), p. 3, www.helsinki.fi.

54 Thea Thompson, *Edwardian Childhoods*(London, 1981), p. 16; Anna

Davin, "Family and Domesticity: Food in Poor Households", in *A Cultural History of Food in the Age of Empire*(1800~1900), ed. M. Breugel(London, 2014), pp. 141~164.

55 Brian Roberts, "Industrial Refrigeration and Air Conditioning, Part 1.2: Cold Store", www.hevac-heritage.org, 14 January 2014.

56 De La Vergne, *The De La Vergne Refrigerating Machine Company*(New York, 1898), p. 3. 1897년까지 이 회사는 냉각 기기와 제빙기 700여 대를 시중에 공급했다. 이 카탈로그는 현재 과학박물관 도서 · 기록보관소에 보관되어 있다.

57 P. Morris, "An Effective Organ of Public Enlightenment: The Role of Temporary Exhibitions in the Science Museum", in *Science for the Nation: Perspectives on the History of the Science Museum*, ed. P. Morris(Basingstoke, 2010), pp. 212~249.

58 T.C. Crawhill and B. Lentaigne, *Guide to the Refrigeration Exhibition: And a Brief Account of the Historical Development of Mechanical Refrigeration*(London, 1934), p. 13.

59 *Nature*, CXXXIII(21 April 1934), p. 605.

제3장. 집으로 들어온 냉장고

1 Ray Charles, "I'm Gonna Move to the Outskirts of Town", 1960. Written by Andy Razaf, Roy Jordan and William Westley Weldon.

2 켈비네이터는 1918년에 사상 최초로 온도가 자동 조절되는 가정용 냉장고를 출시했다. 이 회사명은 열역학 분야에서 큰 업적을 남긴 켈빈 남작에게서 따온 것이다.

3 얼음 배달 비용에 관한 기록은 Alexander Stevenson, *Report on Domestic Refrigerating Machines*, 1923~25(Schenectady, NY, 1923, with additions in 1924 and 1925), p. 164에 수록된 "Refrigerating World"(September 1921, 12)를 참고했다. 이 자료는 www.ashrae.org에

서 확인할 수 있다.

4 앞서 서술했듯이 가정용 냉장고보다 훨씬 큰 상업용 장치를 개발하는 단계에서 이미 확인된 사항이다.

5 가정용 냉장고가 막 출시되었을 무렵에는 많은 가정이 아이스박스를 구매한 지 얼마 되지 않은 상황이었다.

6 혹은 당시에 refrigerator가 아직 전기냉장고나 가스냉장고를 뜻하는 단어로 통용되지 않았기 때문일 수도 있다.

7 E.A. Sampson, "Preserving Food in 7,000,000 Homes", *DuPont Magazine*(Midsummer 1936), p. 13.

8 1934년도 조사 자료에 의하면 당시 미국 내 예순세 개 도시에서 냉장고를 보유한 가정은 전체의 17퍼센트에 불과했다. u.s. Department of Commerce, "Real Property Inventory, 1934", *New York Times*, 26 August 1934.

9 Allene Sumner, "Henry in the Kitchen", *Eugene-register Guard*, 6 October 1928, p. 7.

10 같은 곳.

11 BEDA, *Electric Domestic Refrigerator Handbook: A Guide to Practical Maintenance*(London, 1952), pp. 48~55. 이 자료는 런던과학박물관 도서·기록보관소에서 읽어볼 수 있다.

12 Brian Roberts, *Refrigeration and Air Conditioning*(hevac, 2010), p. 52, www.hevac-heritage.org.

13 Ethel Peyser, "Keep it Cool in a Good Refridgerator", House and Garden Magazine(May 1919), p. 52; reprinted in Peyser, *Cheating the Junk-pile: The Purchase and Maintenance of Household Equipments*(New York, 1922), p. 106. 가정용품을 잘 구매하고 관리하는 방법을 다룬《고물 신세를 면하려면》은 미국의《하우스 앤드 가든》에 연재된 글들을 모아 만든 책이다. 이 책에는 양질의 냉장고를 사기 위해 살펴야 할 아홉 가지 사항과 더불어 올바른 냉장고 사용법과 관

리법이 매우 자세하게 실려 있다.

14 1923년에 미국에서 냉장고를 만드는 쉰여섯 개 업체 가운데 재정 상태가 건실하거나 제품을 대량 생산할 수 있는 곳은 단 여덟 곳에 불과했다. Penny Sparke, *Domestic Appliances*(London, 1987), p. 29를 참고할 것.

15 T.A. Corley, *Domestic Electrical Appliances*(London, 1966), p. 14.

16 프레스트콜드는 제2차 세계대전 시기를 지나면서 영국 최대 규모의 냉장고 제조사로 부상했다. Pressed Steel Company, *24 Years of Progress: 1926~1950*(Oxford, 1950), p. 19를 참고할 것.

17 Corley, *Domestic Electrical Appliances*, p. 30.

18 멜로우스의 가디언 냉장고는 목제 케이스의 아래 칸에 압축기를 내장한 최초의 일체형 가정용 냉장고였다.

19 Judith Howald, "Historical Sketch", Frigidaire Historical Collection listing ms-262, www.libraries.wright.edu, 15 March 2015.

20 1919년만 해도 미국의 가정용 냉장고 총생산량은 겨우 5,000대에 불과했다. Corley, *Domestic Electrical Appliances*, p. 107을 참고할 것.

21 같은 책, pp. 80~82. 냉장고 · 세탁기 · 에어컨 같은 '백색 가전제품'은 몸체를 만드는 과정이 대부분 비슷했다. 더 자세한 내용 Sparke, *Electrical Appliances*, p. 28을 참고할 것.

22 Corley, *Domestic Electrical Appliances*, pp. 80~81.

23 같은 곳.

24 같은 책, p. 82.

25 이들은 카레의 발명품에서 영감을 얻어 저소음 가정용 냉장고를 개발했다. 이 기기의 작동 방식에 관한 더 자세한 내용은 S.N. Sapail, *Refrigeration and Air Conditioning*(New Delhi, 2011), pp. 256~258을 참고할 것.

26 이 발명품은 1926년 2월에 학술지인 《엔지니어The Engineer》에 소개되었다.

27 Sparke, *Electrical Appliances*, p. 34.

28 Alexander Stevenson, *Report on Domestic Refrigerating Machines*, p. 1. 역사학자인 루스 슈워츠 코완Ruth Schwaartz Cowan은 알렉산더 스티븐슨Alexander Stevenson이 쓴 보고서의 역사적 가치를 알아보고 이 문서를 전산 자료화하는 데 중요한 역할을 했다. 오디프렌 냉장고에 관한 설명은 해당 자료의 부록 21번을 참고할 것.

29 같은 책, p. 5.

30 모니터 톱 전기냉장고는 당시 경쟁 중이던 가스 흡수식 제품군을 제치고 미국의 냉장고 시장을 주도하며 대성공을 거두었다. 이 이야기는 Ruth Schwartz Cowan, "How the Refrigerator Got Its Hum", *The Social Shaping of Technology*, ed. Donald MacKensie and Judy Wajcman(Buckingham, 1985), pp. 202~218에 잘 언급되어 있다.

31 덴마크 이민자 출신인 스틴스트루프는 제너럴 일렉트릭에서 공구를 만드는 기능공부터 시작해 차근차근 경력을 쌓은 인물이다.

32 Eric. G. Rowledge, "Project… Prototype… Production: The Resources behind the Product", *Prestcold Times*, I/4(1949), p. 3, www.bl.uk. 이 글은 영업 사원들을 격려하고 교육할 목적으로 쓰였다.

33 같은 책, p. 5.

34 2015년 폴락이 런던과학박물관에 보낸 편지. 그는 그해에 60년간 고장 없이 사용한 냉장고를 이곳에 기증했다. 이 냉장고가 주방에 비치된 모습은 www.oxfordtimes.co.uk에서 확인할 수 있다.

35 모터와 압축기를 밀폐 처리한 이유는 냉매가 누출될 위험을 줄이고 보다 관리하기 쉬운 형태로 만들기 위해서였다. 이후 1940년대에 이르러서는 대다수 냉장고가 완전 밀폐형 구조로 생산되었다. 모니터 톱이라는 독특한 이름은 압축기의 생김새가 남북전쟁 때 활약했던 군함 모니터호USS Monitor의 포탑과 닮았다는 데서 착안한 것

이다.

36 광고 자체는 《네이션스 비즈니스Nation's Business》 1932년 5월호에 실린 광고를 참고했지만 해당 문구는 모니터 톱의 장점을 알리는 다른 광고에도 많이 쓰였다.

37 *Better Homes and Gardens*, 1 October 1930, p. 38.

38 General Electric, *Description and Operation of NEW GENERAL ELECTRIC Monitor Top, Flat Top and Combination Models, Salesman's Bulletin, No. 14*(Cleveland, OH, 1934).

39 그전까지는 프리지데어와 켈비네이터가 가정용 냉장고 시장을 지배하고 있었다.

40 Schwartz Cowan, "How the Refrigerator Got its Hum", p. 210.

41 당시 가전 산업의 성장 속도는 영국보다 독일과 스웨덴, 프랑스, 이탈리아, 네덜란드에서 더 빨랐다. Sparke, *Electrical Appliances*, p. 26.

42 같은 책, p. 38; Corley, *Domestic Electrical Appliances*, p. 19.

43 같은 책, p. 11; Adrian Forty, *Objects of Desire: Design and Society Since 1750*(London, 1986), pp. 209, 213.

44 1931년까지는 수입 상품에 관세를 매기지 않아서 타국 기업들이 영국에 생산 설비를 세워도 특별히 좋은 점이 없었다. 그러나 영국이 금값과 통화의 가치를 연계하는 금본위제도를 포기하면서 수입 가전제품의 가격이 치솟기 시작했다. 이러한 변화는 타국 기업들이 영국에서 직접 제품을 생산하고 영국 기업들이 생산량을 더 늘리는 데 영향을 미쳤다. Corley, *Domestic Electrical Appliances*, p. 34.

45 1933년에 설립된 프레스트콜드는 차체 제조를 위해 개발한 양산 기술과 공법 들을 냉장고 생산 단계에도 적용했다. 또 이 업체는 각종 슈퍼마켓과 식당, 아이스크림 제조사 등의 저온 유통 관련 사업에 산업용 냉각 장치를 공급하기도 했다. 프레스트콜드 냉장고는 글락소연구소에서 페니실린을 생산하는 데도 쓰였으며 영국 국회의사당에 납품되기도 했다. Pressed Steel Company, *24 Years of*

Progress.

46 "Sur le train de Gennevilliers, le Frigidaire no. 1,000,000", *Paris Match*, October 1961.

47 1939년까지 영국에서 사용된 냉장고는 겨우 30만 대에 불과했고 그 해에 가스냉장고는 4만 대, 전기냉장고는 2만 대 정도 팔렸다. 전기 냉장고 2만 대는 20여 개의 기업에서 제작된 것으로 대부분 평균 생산량이 매우 적은 편이었다. Corley, *Domestic Electrical Appliances*, p. 36.

48 혹은 일정 기간 할부 6페니(오늘날 한화로 약 2,600원)에 판매되기도 했다. Roberts, *Refrigeration and Air Conditioning*, p. 57.

49 Jan Boxshall, *"Good Housekeeping" Every Home Should Have One: Seventy-five Years of Change in the Home*(London, 1997), p. 45.

50 Corley, *Domestic Electrical Appliances*, p. 15.

51 1950년대에 냉장고 제조업체인 핫포인트사는 한 광고에서 자사 제품의 "고전적인 균형미"와 "고급 마차에 버금가는 품질"을 강조했다.

52 Lawrence C. Lockley, "Marketing Mechanical Refrigerators During the Emergency", p. 249 in *Journal of Marketing*, VI/3(January 1942), pp. 245~251.

53 BEDA, *The House You Want*(London, 1929). 1930년대 전까지 영국에서 모델하우스 주방에 냉장고가 포함된 사례는 그리 많지 않다.

54 *Good Housekeeping* magazine, 1925, reproduced in Boxshall, *Every Home Should Have One*, p. 21.

55 자세한 내용은 Judy Attfield, *Bringing Modernity Home: Writings on Popular Design and Material Culture*(Manchester, 2007), p. 151을 참고할 것. 산업디자인위원회는 당시 영국상무원 의장이었던 휴 돌턴Hugh Dalton이 설립했다.

56 Elizabeth Roberts, *A Woman's Place: An Oral History of Workingclass*

Women, 1890~1940(Oxford, 1984), p. 129.

57 Pressed Steel, "New Model Heralds Decade", *Prestcold Post: Sales and Sales Promotion News: Feb 1960*(Oxford, 1960).

58 *Paris Match*, May 1969 and March 1957, www.50ansdepubs.com.

59 "Starting from Scratch", *Good Housekeeping* magazine, 1955, reproduced in Boxshall, *Every Home Should Have One*, pp. 79~81.

60 Alan Cooper, *World Below Zero: A History of Refrigeration in the UK*(Aylesbury, 1997), p. 81.

61 Owen C. Pawsey, "Selling Appliances through Kitchen Planning", *Electrical Trading*, April 1936, pp. 55~56. 이 글의 저자는 각 가전제품을 전체 주방 디자인에 맞추어 제작·판매하던 미국 기업들이 영업 전략면에서 가장 앞서 있다고 평가했다.

62 실제로 프랑스에서는 '프리지데어'가 프랑스산 브랜드명인 프리제아비아보다 더 친숙한 이름으로 통한다. Hubert Bonin and Ferry de Goey, *American Firms in Europe, 1880-1990: Strategy, Identity, Perception and Performance*(Geneva, 2009), p. 522. 영어권에서 냉장고를 가리키는 축약어 'fridge'는 어원이 프리지데어 또는 로마 시대의 냉수욕실을 지칭하는 라틴어 프리기다리움Frigidarium이라는 설이 있다.

63 Frigidaire advertisement, 1955.

64 *Paris Match*, www.50ansdepubs.com, March 1957.

65 *Paris Match*, www.50ansdepubs.com, February 1956. 어쩌면 이런 이름은 한때 제너럴 일렉트릭의 제품을 생산했던 이 회사의 이력에서 파생된 것일지도 모른다.

66 "Frigéco ouvre-toi!", *Paris Match*, www.50ansdepubs.com, March 1960.

67 "The Sheer Look. The Crowning Touch by Frigidaire", 1957, General Motors, GA-4593.

68 'Imperial' advertisement for Frigidaire's 'Sheer Look', 1957, www.youtube.com, February 2015. 당시 출시된 신제품들은 주방 디자인에 맞게 크기가 규격화되어 있었다.

69 Advertisement for the Prestcold "Colour-choice" d.361 refrigerator. "It's the Prestcold New-as-tomorrow Colour-choice Refrigerator", brochure by the Pressed Steel Company Limited, c.1956.

70 Elizabeth Roberts, *Women and Families: An Oral History, 1940-1970* (Oxford, 1995), pp. 223~224, 216~218.

71 Mika Pantzar, "Tools or Toys: Inventing the Need for Domestic Appliances in Postwar and Postmodern Finland", *Journal of Advertising*, XXXII/I(2003), pp. 83~93. 일단 어떤 가전제품이 필수품으로 받아들여지면 그 뒤에는 더는 '일상적인 영역'에서 그 필요성을 따지거나 공공연하게 논의할 필요가 없어지기 때문이다.

제4장. 꿈의 주방

1 Ethel Peyser, "Keep it Cool in a Good Refrigerator", *House and Garden* magazine(May 1919), p. 52; reprinted in Peyser, *Cheating the Junk-pile: The Purchase and Maintenance of Household Equipments*(New York, 1919), p. 289.

2 본체가 두 부분으로 구성된 초기 가정용 냉장고의 경우, 소음 문제와 공간적인 제약 때문에 냉각기와 식품 보관실을 별도의 장소에 설치해야 했다.

3 Alexander Stevenson, *Report on Domestic Refrigerating Machines, 1923-1925*(Schenectady, NY, 1923, with additions in 1924 and 1925), p. 352, www.ashrae.org. 오디프렌 냉장고는 가정용 냉장고를 10년 이상 쓸 수 있을지 확신하기 어려웠던 그 시절에 어떤 제품보다도 내구연한이 길었다.

4 E.A. Sampson, "Preserving Food in 7,000,000 Homes", *The DuPont*

Magazine(Midsummer, 1936), p. 13.

5 제조사에 따른 특성, 냉각기를 케이스 내에 배치할 필요성, 주방 가전의 크기를 표준화하려는 움직임에 대한 저항 등도 영향을 미쳤다.

6 20세기 초에 두각을 보였지만 이 장에서 다루지 않은 산업 디자이너로 브룩 스티븐스Brook Stevens가 있다. Glenn Adamson, ed., *Industrial Strength Design: How Brook Stevens Shaped Your World*(Cambridge, MA, 2003)를 참고할 것.

7 Penny Sparke, *Domestic Appliances*(London, 1987), p. 53.

8 같은 책, pp. 53, 79; "Coldspot: 1928~1976", www.searsarchives.com.

9 www.raymond-loewy.com.

10 Sampson, "Preserving Food in 7,000,000 Homes", p. 13.

11 Sears Roebuck advertisement for the Coldspot "super Six" in 1935, reproduced in Jonathan Woodham, *Twentieth-century Design*(Oxford, 1997), p. 69.

12 Elizabeth Roberts, *Women and Families: An Oral History, 1940-1970*(Oxford, 1995), p. 25.

13 이 기관과 옛 조사 자료에 관한 자세한 내용은 www.massobs.org.uk를 참고할 것.

14 Mass Observation, "A Report on 'Britain Can Make It' Exhibition, Section C", 1946, p. 35, quoted in Ben Highmore, *The Great Indoors: At Home in the Modern British House*(London, 2014), p. 88. 영국의 문화 연구학자인 벤 하이모어Ben Highmore는 그 시절 영국 가정의 현황을 연구하며 매스 옵저베이션의 기록 자료를 매우 효과적으로 활용했다.

15 Peter Ward, *A History of Domestic Space*(Vancouver, 1999), p. 4.

16 Raymond Patten, exhibit designer for General Electric, Sparke, *Domestic Appliances*, p. 53에서 인용됨.

17 그중에서 가장 잘 알려진 것이 1926년 오스트리아 최초의 여성 건

축가 마가레테 쉬테-리호츠키Margaret Schüte-Lihotzky가 디자인한 프랑크푸르트 부엌Die Frankfurter Küche이다. 이 공간은 성인 한 명이 들어가 작업하기에 적합하게 디자인되었다. 시대 정황상 이 주방에는 애초에 냉장고가 포함되지 않았고 필요한 기기를 새로 넣고 싶어도 그럴 만한 공간이 없었다.

18 도시 계획에서 위생을 가장 중요시하던 시절에는 건축과 위생 전문가들 가운데 주방과 거실이 넓게 트인 개방형 구조가 비위생적이라고 생각하는 이들이 적지 않았다. Tim Benton, *The Modernist Home*(London, 2006), p. 74를 참고할 것.

19 자세한 내용은 Janice Williams Rutherford, *Selling Mrs Consumer: Christine Frederick and the Rise of Household Efficiency*(Athens, GA, 2003)를 참고할 것.

20 T.A. Corley, *Domestic Electrical Appliances*(London, 1966), p. 22. 이 시기에 작은 주방이 인기를 얻은 데는 이전 시대보다 가족 규모가 작아지고 간편한 통조림 음식이 늘어났다는 점과 빨래를 세탁업소에 맡기는 생활이 일상화되었다는 점 등이 일부분 영향을 미쳤다.

21 Adrian E. Powell, "The Domestic Uses of Electricity", *Journal of the Royal Institute of British Architects*(23 November 1935), p. 88. 당시에 여성을위한전기협회의 모델하우스에는 일렉트로룩스에서 생산한 용적 56리터짜리 냉장고가 설치되어 있었다.

22 Greg Stevenson, *The 1930s Home*(Princes Risborough, 2005), p. 30.

23 U.S. Bureau of Home Economics advertisement, U.S. Department of Agriculture, National Agricultural Library(1942), www.naldc.nal.usda.gov, 11 January 2015.

24 Mass Observation, *People's Homes*, April 1943, p. 327.

25 Jan Boxshall, *'Good Housekeeping' Every Home Should Have One: Seventy-five Years of Change in the Home*(London, 1997), p. 76; P. Gansky, "Refrigerator Design and Masculinity in Postwar Media,

1946~1960", *Studies in Popular Culture*, XXXIV/I(2011), p. 69.

26 Interview with Dorothy Capper, Freda Davies, Doreen Jeeves and Mavis Workman by John Hollings, 2004, "Conversation in Hallow about Accent, Dialect and Attitudes to Language", BBC Voices Project, reference c1190/15/02, The British Library. 여기서 말하는 '석판'은 필시 냉기를 잘 보존하는 대리석으로 만들어졌을 것이다. 해당 인터뷰 녹음 파일에서 냉장고에 관한 설명은 37분쯤에 나온다.

27 Mass Observation, *People's Homes*, April 1943, pp. 324~325.

28 같은 책, p. 327.

29 사용자들도 작은 냉장고에 소량의 우유와 육류, 생선 정도를 보관하는 것 외에 딱히 다른 용도를 기대하지는 않았다. The Good Housekeeping Institute, *The Book of Good Housekeeping*(London, 1946), p. 114. 1944년에 처음 출간된 이 책은 높은 인기에 힘입어 몇 년 뒤에 재판되었다.

30 Interview with Raymond Bird by Thomas Lean, 2010, "An Oral History of British Science", British Library Sound and Moving Image Catalogue reference c1379/04, The British Library.

31 같은 곳. 그의 어머니는 실험실을 연상시키는 미국식 부엌장도 구매했다고 한다.

32 이 주택은 네 명의 여성 건축설계사가 함께 디자인했다. E. Darling, "The House that is a Woman's Book Come True: The All-Europe House and Four Women's Spatial Practices in Inter-war England", in *Women and the Making of Built Space in England, 1870-1950*, ed. Elizabeth Darling and Lesley Whitworth(Aldershot, 2007), pp. 123~135.

33 당시의 주방 디자인과 삼각동선의 유용성은 요즘도 Terence Conran, *The Ultimate House Book*(London, 2003)과 Naomi Cleaver, *The*

Joy of Home(London, 2010) 같은 인테리어 디자인 서적에서 종종 다루어진다.

34 Lord Woolton quoted in the BEDA's "Electric Kitchen Plans for Low Cost Post War Housing", February 1944. 영국전기개발협회는 가전 설비를 완비한 주방이 머지않아 주택 시장의 대세가 되리라 보았다. 이런 판단하에 이 단체는 주택 당국과 전후 주택 디자인 책임자들을 설득하고자 건축 및 도시 계획 전문가들과 협의하며 다양한 전략을 세웠다.

35 Ruth Schwarz Cowan, *More Work for Mother: The Ironies of Household Technology from the Open Hearth to the Microwave*(New York, 1983)는 이 분야의 명저로 손꼽힌다. Adrian Forty, *Objects of Desire: Design and Society since 1750*(London, 1986)도 함께 참고할 것.

36 Reminiscence of Mrs Morrison, from Lancashire, in Elizabeth Roberts, *Women and Families: An Oral History, 1940-1970*(Oxford, 1995), p. 30.

37 이런 현상과 더불어 가전제품의 보급은 점점 더 많은 여성이 가정을 벗어나 직장 생활을 영위하는 데도 영향을 미쳤다.

38 Roberts, *Women and Families*, p. 30.

39 Sally Waller, *A Sixties Social Revolution? British Society, 1959-1975*(Oxford, 2008), p. 85.

40 Good Housekeeping Institute, *The Book of Good Housekeeping*, p. 105.

41 같은 책, plates XII to XIV, facing p. 112.

42 Nicole C. Rudolph, *At Home in Postwar France: Modern Mass Housing and the Right to Comfort*(Oxford, 2015), pp. 33~35.

43 Prestcold advertisement in *Good Housekeeping*, 1949, reproduced in Boxshall, *Every Home Should Have One*, p. 64.

44 J. Saunders Redding, writing in the *Baltimore Afro-American* in 1946. Quoted in Cynthia Lee Henthorn, *From Submarines to Suburbs:*

Selling a Better America, 1939~1959(Athens, OH, 2006), p. 201.

45 1945~51년 사이 영국에서 새로 지은 주택 120만 호 가운데 프리패브는 겨우 15만 6,000호에 불과했다. 전쟁으로 많은 사람이 집을 잃고 주택 공급까지 악화된 상황에서 등장한 프리패브는 내부에 갖춘 각종 최신 설비들 덕분에 더 큰 환영을 받았다.

46 아콘 모델의 설계와 제조는 테일러 우드로Tayor Woodrow사가 맡았다. Arcon, "The Design, Organisation and Production of a Prefabricated House", in *Building*(March-June 1948), pp. 4, 11을 참고할 것.

47 그녀는 1946년에 벨 베일(리버풀 교외 지역)의 한 프리패브로 이사했다고 한다. Oral testimony of Nellie Rigby, https://voicesofpostwarengland.wordpress.com.

48 Martin Pawley, "The Rise and Fall of Public Sector Housing", *Frieze*, www.frieze.com, May 1993.

49 프리패브가 1940~50년대 영국에서 백색 가전의 대중화에 미친 영향에 관해서는 Helen Watkins, "Fridge Space: Journeys of the Domestic Refrigerator", PhD thesis, University of Columbia, New York(2008), p. 158, at www.open.library.ubc.ca를 참고할 것.

50 2015년에 제인 D.가 나에게 직접 밝힌 내용이다.

51 Gansky, "Refrigerator Design and Masculinity", p. 70.

52 실제로 아처 가족은 1955년《아이디얼 홈*Ideal Home*》에 실린 콜드레이터 광고에 등장하기도 했다.

53 Judy Attfield, *Bringing Modernity Home: Writings on Popular Design and Material Culture*(Manchester, 2007), p. 161.

54 Le Roy Staunton, "Selling the Home Owner on his Home", *DuPont Magazine*(October 1929), p. 14.

55 *Prestcold Post*, July 1960.

56 Jan Boxshall, *Every Home Should Have One*, p. 76.

57 *The Economist*, 26 December 1959, p. 1220.

58 Hugh Gaitskell, "Understanding the Electorate", *Socialist Commentary*, July 1955, quoted in David Kynaston, *Family Britain: 1951-1957*(London, 2009), p. 480.

59 Dominic Sandbrook, *White Heat: A History of Britain in the Swinging Sixties*, 1974~70(London, 2006), p. 691.

60 Kynaston, *Family Britain*, p. 666.

61 "Homes for Today and Tomorrow", Parker Morris Report, 1961, London: Ministry of Housing & Local Government, HMSO; Tara Garnett and Tim Jackson, "Frost Bitten: An Exploration of Refrigeration Dependence in the UK Food Chain and its Implications for Climate Policy", paper presented to the 11th European Round Table on Sustainable Consumption and Production, Basel(2007), p. 14.

62 "Starting from Scratch", *Good Housekeeping*(1955), reproduced in Boxshall, *Every Home Should Have One*, pp. 79~81.

63 주방 디자인용 모형에 관한 자세한 내용은 Robert P. Miller, "Modernising the Kitchen", *DuPont Magazine*(July-August 1940), pp. 8~9를 참고할 것.

64 Kelvinator advertisement, 1950s, Hagley archives.

65 Michael Dunlop Young and Peter Willmott, *Family and Kinship in East London* [1957] (London, 1986), p. 126. 1930년대에 영국에서는 평균적으로 두 집당 세 가족이 거주했다. 1951년에는 상황이 조금 개선되어 그 숫자가 네 집당 다섯 가족으로 줄어들었다.

66 같은 책, p. 52.

67 영국에서는 한동안 냉장고·라디오·자동차 등 여러 소비재의 할부 구매가 제한되었지만 1954년 7월 14일을 기점으로 이 규제는 철회되었다.

68 "Introducing the Cannonlux", Cannon Ltd Company brochure, n.d.

69 팩어웨이 냉장고는 영국산업디자인협회가 수여하는 에든버러 공작 디자인상의 초대 수상작이다. 미국에서 맞춤부엌의 유행이 냉장고 디자인에 미친 영향에 관해서는 Elizabeth Shove and Dale Southerton, "Defrosting the Freezer: From Novelty to Convenience: A Narrative of Normalization", *Journal of Material Culture*, V/3, (2000), p. 309를 참고할 것.

70 John Blake, "Shop Test", in the *Daily Express*, January 1960. 이 책의 저자 존 블레이크John Blake는 영국산업디자인협회에서 발행했던 잡지《디자인Design》의 편집자이기도 했다.

71 *Prestcold Post*, February 1960.

72 Corley, *Domestic Electrical Appliances*, pp. 114~115.

73 "Kitchens Coping in a Mean Cuisine", *Good Housekeeping* magazine, 1980s, in Boxshall, *Every Home Should Have One*, p. 112.

74 2015년 2월에 지인이 내게 직접 밝힌 내용이다.

75 Monica Dickens, *One Pair of Hands* [1939] (London, 2011), pp. 50~51.

76 브루스 레이시Bruce Lacey라는 남성이 발명에 관심이 많았던 옛 이웃에 관해 언급한 내용이다. Interview with Bruce Lacey by Gillian Whiteley, 2000, Oral History Collection, British Library Sound & Moving Image Catalogue reference c466/99, The British Library.

77 *Prestcold Post*, July 1961.

78 "Refrigerator Design and Masculinity", p. 77. 폴 갠스키Paul Gansky의 설명에 의하면 20세기 중엽에 미국 남성들이 냉장고를 대하는 태도는 대체로 불편하고 소극적인 편이었다고 한다. 당시에 냉장고는 흔히 '가장의 권위를 떨어뜨리는 기계'로 통했다.

79 https://powerful.co.

80 Richard Hoffman, "Refrigerator", *Harvard Review*, 27(2004), p. 138.

81 John LaRue, "The 10 Most Memorable Movie Refrigerators",

www.tdylf.com, September 2012.

82 Michael Shea, "User-friendly: Anthropomorphic Devices and Mechanical Behaviour in Japan", *Advances in Anthropology*, IV/I(2014), pp. 41~49.

83 Akiko Busch, "Refrigerator", in *The Uncommon Life of Common Objects: Essays on Design and the Everyday*(New York, 2005), p. 101.

84 Edwin Heathcote,《집을 철학하다*The Meaning of Home*》(London, 2012), p. 56.

85 Sanjoy Majumder, "The First Fridge for a Family and Whole Village", www.bbc.co.uk, 28 January 2015.

제5장. 냉장고의 구조

1 대표적인 사례로 제너럴 일렉트릭의 모니터 톱 냉장고를 들 수 있다. 제3장을 참고할 것.

2 Shelley Nickles, "Preserving Women: Refrigerator Design as Social Process in the 1930s", *Technology and Culture*, XIIII/4(2002), pp. 693~727.

3 파월 크로슬리 2세는 기업가이자 발명가이기도 했다.

4 이 선반을 디자인하는 데는 저명한 산업 디자이너였던 월터 도윈 티그Walter Dorwin Teague의 도움이 있었다. Carroll Gantz, *Refrigeration: A History*(Jefferson, NC, 2015), p. 157.

5 Rusty McClure, David Stern and Michael A. Banks, *Crosley: Two Brothers and a Business Empire That Transformed a Nation*(Cincinatti, OH, 2006)에는 크로슬리사의 역사가 매우 흥미롭게 기술되어 있다. 그중에서도 특히 21장을 참고할 것.

6 *Popular Mechanics*, June 1934, p. 118.

7 *Life*, 24 September 1945, p. 83. 셀바도르 냉장고의 광고 영상은 유튜브 채널 ClassicCommercialTV에서 확인할 수 있다.

8 *Life*, 23 April 1956, pp. 40~41; 30 May 1960, p. 1.

9 Nickles, "Preserving Women", p. 693.

10 Margaret Nava, *Hummingbird Ridge*(Smyrna, GA, 2009), p. 10.

11 "1948 GE Revolving Shelf Refrigerator", www.thegadgetpage.com을 참고할 것.

12 Gantz, *Refrigeration*, p. 193.

13 두 디자인에 관해서는 "Window Refrigerator: See What's Inside Without Open [SIC] Your Fridge", www.tuvie.com과 "The C-fridge: Designed to Save on Energy Usage", www.igreenspot.com을 참고할 것.

14 National Energy Saving Campaign for the Government of South Africa's Eskom, www. youtube.com. 남아프리카 공화국의 국영전력회사 에스콤Eskom의 광고 영상으로 "모든 와트를 소중하게Make Every Watt Count"라는 부제가 붙었다.

15 반면에 초창기의 상업용 냉각 장치들은 대부분 기계 구조와 부품들을 훤히 드러내고 있었다. 제2장을 참고할 것.

16 과거와 달리 냉장고의 구동계가 모습을 감춘 데는 대량 생산 체제가 도입되면서 제조 공정이 변화한 것도 영향을 미쳤다. 제3장을 참고할 것.

17 E.A. Sampson, "Preserving Food in 7,000,000 Homes", in *DuPont Magazine*(Midsummer 1936), p. 11, www.digital.hagley.org. 1920년대 후반까지 듀폰이 냉장고용 마감재로 활용한 것은 래커 계열인 듀코 페인트였다. 당시 이 제품은 3,500여 곳에 달하는 듀코 공식 재도장 서비스 센터Authorized Duco Refinishing Station에서 냉장고 도장 재료로 쓰였다. 자세한 내용은 R.C. Peter, "Duco: A Contribution to the Household Refrigerator", in *DuPont Magazine*(May 1929), p. 18을 참고할 것. 듀코 페인트는 냉장고 같은 가전제품 외에도 수많은 공산품의 마감재로 널리 사용되었다.

18 결과적으로 이 도료 덕분에 계절마다 다른 다채로운 색의 냉장고

가 등장하게 되었다. 냉장고 색상에 관한 자세한 내용은 제3장을 참고할 것.

19 Sampson, "Preserving Food", p. 14.

20 E.A. Sampson, "From Ice Chests to Iced Refrigerators", *DuPont Magazine*, September 1936, p. 14.

21 폴리에틸렌으로 제작된 타파웨어는 세척이 쉽고 위생적일 뿐 아니라 깨질 위험도 없고 뛰어난 밀폐성 덕분에 음식에 다른 냄새가 배지 않아 냉장고 보관용으로 이상적인 제품이다. 한편 파이렉스 유리 용기의 최대 장점으로 마케팅 전문가들이 한눈에 포착한 특성은 바로 범용성이었다. 파이렉스사는 가정에서 냉동실이나 냉장실에 보관한 음식을 오븐에서 데워 곧장 식탁에 올릴 수 있도록 '오븐·냉장고 겸용' 세트를 개발했다. 타파웨어와 파이렉스는 주방용품 중에서도 특히 냉장고용 제품을 다양하게 출시했다.

22 1950년대까지는 냉장고 광고에 음식을 그릇에 든 그대로 냉장고 선반에 올린 모습이 많이 나왔다. 거기에는 광고 지면과 영상에서 냉장고 내부를 돋보이게 하고 주부들에게 호화롭고 풍족한 생활양식을 보여주려는 목적이 있었지만, 한편으로는 적절한 보관 용기나 포장재가 아직 개발되지 않았다는 사실 혹은 당시 사람들이 그 필요성을 미처 떠올리지 못했다는 점이 반영된 것이기도 하다.

23 *Paris Match*, May 1957, www.50ansdepubs.com.

24 Helen Watkins, "Fridge Space: Journeys of the Domestic Refrigerator", PhD thesis, University of Columbia, New York(2008), www.open.library.ubc.ca, pp. 96~97을 참고할 것.

25 *The Day* newspaper, 18 July 1974, p. 23. 이 기사에서 프리지데어 영업 사원은 "가족끼리 도움이 되는 정보를 전달하기 위한 기능"이라고 설명했다.

26 제너럴 일렉트릭이 냉장고 산업에 진입한 과정에 관해서는 제3장을 참고할 것.

27 Alexander Stevenson, *Report on Domestic Refrigerating Machines, 1923~1925*(General Electric, Schenectady, 1923, with additions in 1924 and 1925), www.ashrae.org, p. 45.

28 General Electric, "Answering Your Questions about Electric Refrigeration", 1929, quoted in Jonathan Rees, *Refrigeration Nation*(Baltimore, MD, 2013), 155; Alexander Stevenson, *Report on Domestic Refrigerating Machines*, p. 382.

29 General Electric Infobase, www.geappliances.com.

30 Hasan Koruk and Ahmet Arisoy, "Identification of Crack Noises in Household Refrigerators", *Applied Acoustics*, XXXIX(March 2015), pp. 234~243.

제6장. 음식 혁명

1 식료품 저장실로 해석되는 영어 단어 'larder'는 염장육 보관 장소를 뜻하는 프랑스어 'lardier'에서 유래했다. Edwin Heathcote, *The Meaning of Home*(London, 2012), p. 58.

2 David Kynaston, *Family Britain: 1951-1957*(London, 2009), p. 676을 참고할 것.

3 Tara Garnett and Tim Jackson, "Frost Bitten: An Exploration of Refrigeration Dependence in the UK Food Chain and its Implications for Climate Policy", paper presented to the 11th European Round Table on Sustainable Consumption and Production, Basel(2007), p. 10을 참고할 것.

4 1901년부터 본격적으로 수입된 이래 1926년까지 에이번모스 항구를 거쳐 유통된 바나나는 650만 송이에 달했다. 바나나는 당시에 큰 인기를 끌며 영국 전역과 유럽 대륙으로 수송되었다. R.M. Parsons, "Elders & Fyffes: A Short History of the Company and its Famous Banana Boats", *Ships Monthly*, April 1988, Part 1:

1901-1940, pp. 20, 24; N. Wijnolst and Tor Wergeland, *Shipping Innovation*(Amsterdam, 2009), p. 288. 현재는 매년 유럽에서 소비되는 바나나만 500만 톤이 넘는다.

5 The Good Housekeeping Institute, *The Book of Good Housekeeping* [1944] (London, 1946), caption, facing p. 97.

6 Sandy Isenstadt explores the imagery of refrigerator advertising in America in "Visions of Plenty: Refrigerators in America around 1950", *Journal of Design History*, XI/4(1998), pp. 311~321, abstract.

7 Jonathan Rees, *Refrigeration Nation*(Baltimore, MD, 2013), p. 2.

8 Bee Wilson, 《포크를 생각하다 Consider the Fork》(London, 2012), p. 270.

9 Electricity Council of England and Wales advertisement in *Good Housekeeping*. Reprinted in Jan Boxshall, *"Good Housekeeping" Every Home Should Have One: Seventy-five Years of Change in the Home*(London, 1997), p. 100.

10 F.W. Salisbury, "The Shop and its Equipment", *JS Journal*, I/4(1947), https://jsjournals.websds.net, p. 14.

11 Kynaston, *Family Britain*, p. 676.

12 Interview with Robert(Bob) Dixon by Louise Brodie, 1999, "Food: From Source to Salespoint", British Library Sound and Moving Image Catalogue reference c821/22/02, The British Library.

13 Howard Cox, Simon Mowatt and Martha Prevezer, *From Frozen Fishfingers to Chilled Chicken Tikka: Organisational Responses to Technical Change in the Late Twentieth Century*(London, 1999).

14 Kynaston, *Family Britain*, p. 669.

15 Elizabeth Roberts, *Women and Families: An Oral History, 1940-1970*(Oxford, 1995), p. 42.

16 Mass Observation, *People's Homes*, April 1943, p. 323.

17 Lesley Garner, "A Day in the Life of a Not-so-good Housekeeper",

originally in *Good Housekeeping* magazine in 1979; reprinted in Boxshall, *Every Home Should Have One*, pp. 106~107.

18 Katie Hope, "The Death of the Weekly Supermarket Shop", www.bbc.co.uk, 5 October 2014.

19 영국에서 조사한 대다수 자료에 의하면 최근 일반 가정과 슈퍼마켓, 도매업장 등에서 버려지는 음식 쓰레기 양이 급격히 늘었다고 한다. 일례로 2013년 슈퍼마켓 체인인 테스코TESCO는 자체 조사에서 포장 샐러드 가운데 약 66퍼센트 이상이 매장에서 혹은 구매자의 가정에서 버려지고 사과 재고량의 40퍼센트와 제과 제빵류 중 거의 절반에 달하는 양 역시 정상적으로 소비되지 못한 채 버려진다고 밝혔다.

20 Rose Prince, *Kitchenella: The Secrets of Women: Heroic, Simple, Nurturing Cookery-For Everyone*(London, 2010), p. 35.

21 Tassos Stassopoulos, "Richer World: The Predictive Powers of Fridges", www.bbc.co.uk, 27 March 2015.

22 같은 곳.

23 "Fridgeonomics: What My Fridge Means to Me, Nairobi", www.bbc.co.uk, 30 January 2015.

24 Stassopoulos, "Richer World".

25 Luce Giard, "Doing-cooking", in Michel de Certeau, Luce Giard and Pierre Mayol, *The Practice of Everyday Life,* vol. II: *Living and Cooking*, trans. Timothy J. Tomasik,(London, 1998), pp. 204~213.

26 "Is Your Fridge All Wrong? The Secrets of Food Organisation", *The Telegraph*, 16 January 2015.

27 Pressed Steel Company Limited, *Prestcold Catering*(Oxford, 1959), p. 1.

28 Elizabeth Craig, *The Way to a Good Table: Electric Cookery*(BEDA) (London, 1937), p. 12.

29 Lizzie Collingham, *The Taste of War: World War Two and the Battle for*

Food(London, 2011).

30 여기에는 연금술이나 화학 실험 같은 성격이 강했던 17, 18세기의 일부 요리법이나 옛 요리 서적들이 영향을 미쳤을 가능성도 있다.

31 British Electrical Development Association, *The Art of Cold Cookery: The Electric Domestic Refrigerator and Home Freezer Handbook*(London, 1960), p. 16.

32 Kynaston, *Family Britain*, p. 399.

33 런던 사보이 호텔의 조리장을 맡았던 에스코피에는 "차가운 요리에서 젤리란 뜨거운 요리에서의 콩소메나 국물 같은 것"이라고 언급했다. 그는 젤리를 "완전무결한 상태"로 만드는 조리법으로 자네트 닭가슴살 요리Suprême de Volaille Jeannette를 예로 들었다. Auguste Escoffier, Philéas Gilbert, E. Fétu, A. Suzanne, B. Reboul, Ch. Dietrich, A. Caillat et al, *Le Guide Culinaire: Aide-mémoire de cuisine pratique*(Paris, 1903), p. 59.

34 *Courier-Mail*, Brisbane, 12 October 1936, p. 20. 이 신문에는 그 외에도 냉장고에 "건강에 이로운 음식"을 보관하는 것과 차가운 요리의 연관성을 내포한 기사가 하나 더 실렸다. 한편 1934년도《새러소타 헤럴드 트리뷴》기사는 지금까지 내가 찾은 것 중에 가정용 냉장고와 차가운 요리의 관계를 다룬 가장 오래된 자료다.

35 그로부터 2년 뒤《일렉트리컬 저널*Electrical Journal*》은 전기 산업 분야가 "차가운 요리라는 발상을 받아들일지 말지 아직 명확하지 않다"며 다소 조심스러운 전망을 내비쳤다. *Electrical Journal*, 121(1938), p. 254.

36 Charles Hope Ltd, *Instructions for the Installation, Operation and Maintenance of the Charles Hope Cold Flame Refrigerator... with Recipes*(place and date unknown).

37 AEG, *Kalte Küche. Rezepte, Anregungen und Winke zur Bereitung von Erfrischungen, kühlen Speisen und Getränken im AEG-Kühlschrank*

(Frankfurt, 1956). 이 판본의 표지에는 은색 배경에 엠보싱 가공된 디저트 그림이 실렸다.

38 Alice Bradley, *Electric Refrigerator Recipes and Menus Specially Prepared for the General Electric Refrigerator*(Cleveland, OH, 1927). 브래들리는 패니 파머 요리 학교의 교장으로 제너럴 일렉트릭이 모니터 톱 전기냉장고를 새로 출시할 무렵에 이 책을 함께 냈다. 전임 교장이었던 패니 파머Fannie Farmer는 일찍이 1896년에 아이스박스 사용법을 다룬 베스트셀러 《보스턴 요리 학교 조리서*Boston Cooking-School Cookbook*》를 출간한 바 있다.

39 같은 책, Foreword, p. 7.

40 이와 비슷한 경향을 보인 냉장고 요리 서적으로 《서벨 콜더리*Servel Coldery*》(1926), 《프리지데어로 만든 차가운 디저트와 샐러드*Frozen Desserts and Salads Made in Frigidaire*》(1926), 《프리지데어 프로즌 딜라이츠》(1927) 등이 있다.

41 GEC, *Artistry in Cold Food Preparation*(London, 1954).

42 De Certeau, Giard and Mayol, *The Practice of Everyday Life*, p. 221.

43 General Electric, *The 'Silent Hostess' Treasure Book*(Cleveland, OH, 1931), pp. 20~21, 27.

44 20세기 초 대다수 가정에서 요리책은 많아야 한두 권에 불과했다.

45 www.cooksinfo.com/marguerite-patten을 참고할 것.

46 영국동부전기위원회와 프리지데어사에서 가정학 전문가로 활동했던 패튼은 현대식 주방기기를 이용한 요리 경험이 풍부했다. 그녀와 햄린의 첫 합작품은 1960년에 낸 《색깔 있는 요리*Cookery in Colour*》로, 이 책은 두 페이지씩 넘어갈 때마다 종이색이 달라지는, 당시로서는 매우 획기적인 구성을 선보였다. 패튼이 저술한 요리책의 총판매량은 2006년경에 1700만 권을 넘었다.

47 Marguerite Patten, *500 Recipes for Refrigerator Dishes*(London, 1960), inside of front cover.

48 Nicola Humble, *Culinary Pleasures: Cookbooks and the Transformation of British Food*(London, 2005). 험블은 요리책과 관련해 "희망과 두려움, 취향과 야망, 환상과 망상, 역사에 따라 변화하는 사회적 역할" 등을 논하며 그 중요성을 강조했다.

49 *Frigidaire's Frozen Delights*(Daytoon, OH, 1927).

50 Roland Barthes, "Ornamental Cookery",《현대의 신화*Mythologies*》, trans. Annette Lavers(New York, 1991), p. 78~80.

51 같은 책, p. 79; Jessamyn Neuhaus, "The Way to a Man's Heart: Gender Roles, Domestic Ideology, and Cookbooks in the 1950s", *Journal of Social History*, XXXII/3(1999), pp. 529~555.

52 흥미롭게도 식품의 '신선함'이란 사실 매우 모호하고 명확히 정의하기 어려운 개념이다. Susanne Freidberg, *Fresh: A Perishable History*(Cambridge, MA, 2010)를 참고할 것.

53 그보다 몇 년 전에 런던과학박물관에서 액체질소를 이용한 아이스크림 제조 시연회가 열린 적이 있다. 어쩌면 이 음식은 당시의 행사 참가자들에게서 영감을 얻은 것일지도 모른다.

제7장. 당신의 냉장고는 건강을 가져다줍니까?

1 Marguerite Patten, www.theguardian.com, 14 October 2007.

2 Adrian Forty,《욕망의 사물, 디자인의 사회사*Object of Desire*》(London, 1986), p. 156. 에이드리언 포티Adrian Forty는 디자인의 역사를 다룬 이 명저에서 한 장을 할애해 19세기 후반과 20세기 초의 디자인과 위생 그리고 청결에 관한 당대의 관념을 다루었다.

3 Leonard advertisement, *Ladies' Home Journal*(May 1929), p. 254. 전통적인 아이스박스 형태인 이 제품은 냉각원으로 얼음 외에도 가스와 전기를 사용할 수 있었다.

4 McCray icebox refrigerator advertisement, late nineteenth century. 20세기 초에는 냉장고 내부의 건조도를 시험하기 위해 내벽에 성냥

을 굿는 실험을 하기도 했다.

5 현재 런던과학박물관에 전시된 시거 드라이 에어 아이스박스Seeger Dry Air Icebox도 내장재가 이음매 없는 도자기 소재로 이루어져 있다.

6 Ethel Peyser, *Cheating the Junk-pile: The Purchase and Maintenance of Household Equipments*(New York, 1922), pp. 107~108.

7 Mary Douglas, *Purity and Danger: An Analysis of the Concepts of Pollution and Taboo*(London, 1966)를 참고할 것.

8 공교롭게도 베이컨은 냉각 현상과 냉각 효과를 내는 물질의 탐구에 가장 먼저 뛰어든 인물 중 하나다. 제1장을 참고할 것.

9 구체적인 예시는 Rosie Cox, "Dishing the Dirt: Dirt in the Home", in Cox et al., *Dirt: The Filthy Reality of Everyday Life*(London, 2011), pp. 37~74를 참고할 것.

10 Forty, *Objects of Desire*, p. 159. 19세기 영국에서 일어난 공중보건 개혁 운동은 콜레라·장티푸스의 발발과 더불어 급속히 성장 중이던 도시 지역의 위생 문제가 대두되면서 시작되었다.

11 영국에서는 1928년에 식품·의약품에 관한 불순물 금지법Food and Drugs(Adulterations) Act이 제정되었다. 자세한 사항은 Michael French and Jim Phillips, "Assessing Food Additives: Regulating Chemical Preservatives, 1888~1938", in *Cheated Not Poisoned? Food Regulation in the United Kingdom, 1875~1938*(Manchester, 2009), pp. 96~123을 참고할 것.

12 James Fenton, "Report of the Medical Officer of Health for Kensington", p. 45. 이 보고서는 http://wellcomelibrary.org에서 확인할 수 있다. 20세기 초 미국에서는 정육업자들이 상한 고기에 붕산과 연지벌레, 소금을 섞어 만든 방부제를 발라 신선육으로 속여 파는 일이 종종 일어났다.

13 Anthony S. Wohl, *Endangered Lives: Public Health in Victorian Britain*(Cambridge, MA, 1983), pp. 52~53.

14 L.C. Auldjo, "Mechanical Refrigeration, with Details of an Ammonia Compression Machine, and Description of Various Methods of Refrigeration", *Minutes of Proceedings of the Engineering Association of New South Wales*(May 1895), vol. X, p. 69.

15 여기에 긴장감을 한층 고조시킨 것은 냉기 공급원을 달리하는 냉장고 제조사들의 치열한 경쟁이었다. 처음에 가스냉장고와 전기냉장고를 생산하는 업체들은 냉매 순환식 제품과 아이스박스의 차이점을 강조했다. 그런 다음에는 양측 모두 건강과 위생상의 이점을 내세우며 가스냉장고와 전기냉장고의 차별화를 꾀했다.

16 Caroline Haslett, ed., *The Electrical Handbook for Women*(London, 1934), p. 311.

17 Alice Bradley, *Electric Refrigerator Recipes and Menus Specially Prepared for the General Electric Refrigerator*(Cleveland, OH, 1927), p. 123.

18 당연한 이야기지만 "음식을 보관하기에 안전한 온도"는 시간이 흘러 기준이 바뀌었다. 20세기 초에 출시된 모니터 톱 냉장고의 경우 식품을 안전하게 보관하는 '한계선'은 섭씨 10도였다. 그러나 요즘은 섭씨 3~4도 정도가 냉장실의 적정 온도로 권장된다. 덧붙여 말하자면 아이스박스는 가정용 냉장고와 다르게 내부 온도를 조절할 수 없다.

19 British Electrical Development Association, *The Art of Cold Cookery: The Electric Domestic Refrigerator and Home Freezer Handbook*(London, 1960), p. 10. 이 책은 1930년대부터 1960년대에 이르기까지 두루 인기를 얻으며 여러 번 재판되었다.

20 *Courier-Mail,* Brisbane, 12 October 1936.

21 이런 광고 문구에는 이 냉장고 구매가 곧 가족의 건강과 행복을 보살피는 것이라는 메시지가 숨어 있었다.

22 "Sanitary Inspectors", *Prestcold Times*(Oxford, 1950), p. 26. 당시 뉴질랜드에서는 냉장고가 필수품으로 통했고 "신선식품에 불순물이 존

재한다는 것은 상상도 할 수 없는 일"이었다고 한다.

23 《프레스트콜드 포스트》는 냉장고 영업사원들에게 공급된 간행물로, 프레스트콜드 제품 매장에서 흔히 찾아볼 수 있었다.

24 *The Decorator and Furnisher*, IV/2(May 1884), p. 62.

25 같은 곳.

26 Isabella Beeton, *The Book of Household Management*(London, 1907).

27 Auldjo, "Mechanical Refrigeration", p. 68.

28 "What's Going Off in Your Fridge?", www.theguardian.com, 21 October 2013을 참고할 것.

29 냉장고로 인한 사망 사건들을 다룬 읽을거리로는 B.J. Hollars, "Death by Refrigerator", *The Normal School*, www.thenormalschool.com, 14 May 2015를 참고할 것.

30 냉장고 안전법Refrigerator Safety Act은 1956년에 제정되었다. 이 법에 의해 1958년 이후 생산한 모든 냉장고에는 최소 15파운드(6.8킬로그램)에 해당하는 힘으로 안에서 열 수 있는 문을 장착하는 것이 의무화되었다. 법안 원문은 www.cpsc.gov에서 읽어볼 수 있다.

31 드물기는 하지만 냉장고로 인한 사망·사고는 요즘도 일어나고 있다. 2010년 여름에 아프리카 수단에서는 세 남성이 극심한 더위를 피해 대형 냉장 시설에 들어갔다가 얼어 죽는 사고가 발생했다.

32 이 영상은 요즘도 유튜브에서 쉽게 찾아볼 수 있다. 유튜브 사이트에는 〈지아이 유격대G.I. Joe〉 만화로 생활 안전 수칙을 소개한 미국의 옛 공익광고public service announcements, PSA도 게재되어 있다.

33 오늘날 프레온 가스라고 하면 주로 '프레온 12' 또는 'R12'를 가리킨다. 미즐리는 프레온 가스 외에도 유연 휘발유를 개발한 것으로 유명한데, 이 때문에 한 역사가는 그를 "지구 역사상 단일 생명체로서 대기에 가장 큰 영향을 미친 인물"이라 일컬었다. J.R. McNeill, *Something New Under the Sun: An Environmental History of the Twentieth-century World*(New York, 2001)를 참고할 것.

34 P.D. Smith, *Doomsday Men: The Real Dr Strangelove and the Dream of the Superweapon*(New York, 2007), pp. 172~173.

35 후세에 미즐리에게는 "역사상 최초로 전 지구적 환경 공해를 유발한 물질을 만든 과학자"라는 불명예스러운 타이틀이 붙었다.

36 J.E. Lovelock, R.J. Maggs and R.J. Wade, "Halogenated Hydrocarbons in and over the Atlantic", *Nature*, XLI(1973), pp. 194~196.

37 런던과학박물관 큐레이터인 알렉스 존슨Alex Johnson의 해설을 인용했다.

38 이 과정에서 화학자인 셔우드 롤런드Sherwood Rowland와 마리오 몰리나Mario Molina, 파울 크뤼천Paul Crutzen의 공동 연구로 CFCs가 성층권에 존재하는 오존층을 파괴한다는 사실이 밝혀졌다. 세 사람은 이러한 공로를 인정받아 1995년에 노벨 화학상을 받았다.

39 *Ethical Consumer*(January–February 2015), p. 24. 현재 유럽에서는 HFCs의 사용을 법으로 제한하고 있으나 그 외의 지역에서는 이 물질이 여전히 광범위하게 쓰이는 실정이다.

제8장. 냉장고가 꿈꾸는 쿨한 세상

1 Ted Martin, "Evolution of Ice Rinks", *ASHARE Journal*, XLVI/II (November 2004), Special Section, pp. 24~30.

2 2014년 11월 모스크바의 경제업적박람회장VDNKh(베데엔하)에 설치되었다.

3 Merriam–Webster Online Dictionary.

4 Libby Purvis on BBC Radio 4's *Pilot*, www.bbc.co.uk.

5 19세기 후반에 운용되었던 르 프리고리피크호는 전체 길이가 64미터로, 냉동 화물을 신는 공간은 길이 12미터짜리 창고 하나뿐이었다. 제2장을 참고할 것.

6 야크찰은 '얼음 구덩이'를 뜻하는 용어로, 오늘날 이란 사람들은 현

대식 냉장고를 야크찰이라고 부른다. 이 건물은 두꺼운 벽(최대 2미터에 달하는 두께)으로 둘러싸인 지상의 돔형 구조물과 지하 깊은 곳의 얼음 저장고로 이루어져 있다. 보관 중인 얼음이 녹아서 생긴 냉수는 얼음 온도를 유지하는 역할을 하면서 바닥의 저수 공간에 모여 밤이 되면 다시 얼어붙는다.

7 Alan Guth, *The Inflationary Universe: The Quest for a New Theory of Cosmic Origin*(London, 1997)을 참고할 것.

8 Joseph E. Stevens, *Hoover Dam: An American Adventure*(Norman, OK, 1988), p. 193.

9 실제 자연 상태에서 발생할 수 있는 최저 온도는 1켈빈(섭씨 영하 272.15도) 정도로 이런 수치는 아주 먼 우주 공간에서 관측된다. 우주 공간은 대폭발로 인한 우주 배경 복사 때문에 늘 절대 0도보다 높은 온도를 유지하고 있다.

10 대형 강입자 충돌기를 이용한 실험에서는 지금껏 인류가 인위적으로 만든 온도 가운데 가장 높은 수치가 확인되기도 했다. 일례로 철 원자들을 충돌시키는 실험에서는 측정 온도가 순간적으로 약 5.5조 켈빈에 달했다.

11 진공 상태에서는 대류 현상을 통해 열이 제거되지 않으므로 열전도 현상을 이용한 효과적인 냉각이 필수적이다.

12 Charles Arthur, "Internet Fridges: The Zombie Idea That Will Never, Ever Happen", www.theguardian.com, 7 January 2014.

13 "Presenting the 1955 Frigidaire: Kitchen of Tomorrow", promotional video, www.youtube.com.

14 예비 신부들을 향한 이 메시지는 최신 기술 덕분에 주부의 '여가가 늘어날 것'임을 암시한다.

15 요즘도 냉동 보존술 관련 커뮤니티에서는 해마다 그의 냉동 보존일을 기념하고 있다.

16 www.dezeen.com, 14 June 2016.

17 Linda Yueh, "Frigeonomics and a 'Zero Waste' World", www.bbc.co.uk.

18 자세한 내용은 www.thesurvivalistblog.net을 참고할 것.

19 www.conceptkitchen2025.com.

20 Adrian Burton, "Solar Thrill: Using the Sun to Cool Vaccines", *Environmental Health Perspectives*, CXV/4(April 2007), pp. a208~a211.

참고문헌

Attfield, Judy, *Bringing Modernity Home: Writings on Popular Design and Material Culture*(Manchester, 2007)

Barthes, Roland, "Ornamental Cookery",《현대의 신화》, trans. Annette Lavers(New York, 1991), originally published in French(Paris, 1957)

Boxshall, Jan, *'Good Housekeeping' Every Home Should Have One: Seventy-five Years of Change in the Home*(London, 1997)

Busch, Akiko, "Refrigerator", *The Uncommon Life of Common Objects: Essays on Design and the Everyday*(New York, 2005), pp. 100~110

Cooper, Alan, *World Below Zero: A History of Refrigeration in the UK*(Aylesbury, 1997).

Corley, T.A., *Domestic Electrical Appliances*(London, 1966)

Cowan, Ruth Schwartz, "How the Refrigerator Got its Hum", in *The Social Shaping of Technology: How the Refrigerator Got its Hum*, ed. Donald MacKenzie and Judy Wajcman(Manchester, 1985), pp. 202~218

Cox, Rosie, "Dishing the Dirt: Dirt in the Home", in Rosie Cox et al., *Dirt: The Filthy Reality of Everyday Life*(London, 2011), pp. 37~74

David, Elizabeth, *Harvest of the Cold Months: The Social History of Ice and Ices*(New York, 1994)

Attfield, Judy, *Bringing Modernity Home: Writings on Popular Design and Material Culture*(Manchester, 2007)

Barthes, Roland, "Ornamental Cookery", 《현대의 신화》, trans. Annette Lavers(New York, 1991), originally published in French(Paris, 1957)

Boxshall, Jan, *'Good Housekeeping' Every Home Should Have One: Seventy-five Years of Change in the Home*(London, 1997)

Busch, Akiko, "Refrigerator", *The Uncommon Life of Common Objects: Essays on Design and the Everyday*(New York, 2005), pp. 100~110

Cooper, Alan, *World Below Zero: A History of Refrigeration in the UK*(Aylesbury, 1997)

Corley, T.A., *Domestic Electrical Appliances*(London, 1966)

Cowan, Ruth Schwartz, "How the Refrigerator Got its Hum", in *The Social Shaping of Technology: How the Refrigerator Got its Hum*, ed. Donald MacKenzie and Judy Wajcman(Manchester, 1985), pp. 202~218

Cox, Rosie, "Dishing the Dirt: Dirt in the Home", in Rosie Cox et al., *Dirt: The Filthy Reality of Everyday Life*(London, 2011), pp. 37~74

David, Elizabeth, *Harvest of the Cold Months: The Social History of Ice and Ices*(New York, 1994)

Forty, Adrian, 《욕망의 사물, 디자인의 사회사》(London, 1986)

Freidberg, Susanne, *Fresh: A Perishable History*(Cambridge, MA, 2010)

Gansky, P., "Refrigerator Design and Masculinity in Postwar Media, 1946~1960", *Studies in Popular Culture*, XXXIV/I(2011), pp. 67~85

Gantz, Carroll, *Refrigeration: A History*(Jefferson, NC, 2015)

Giard, Luce, "Doing-cooking", in Michel de Certeau, Luce Giard and Pierre Mayol, trans. Timothy J. Tomasik, *The Practice of*

Everyday Life, vol. II: *Living and Cooking*(London, 1998), originally published as *L'Invention au quotidien, II, habiter, cuisiner*(Paris, 1994)

Heathcote, Edwin,《집을 철학하다》(London, 2012)

Highmore, Ben, *The Great Indoors: At Home in the Modern British House*(London, 2014)

Ierley, Merritt, *The Comforts of Home: The American House and the Evolution of Modern Convenience*(New York, 1999)

Nickles, Shelley, "Preserving Women: Refrigerator Design as Social Process in the 1930s", *Technology and Culture*, XIIII/4(2002), pp. 693~727

Rees, Jonathan, *Refrigeration Nation: A History of Ice, Appliances, and Enterprise in America*(Baltimore, MD, 2013)

Roberts, Elizabeth, *Women and Families: An Oral History, 1940–1970*(Oxford, 1995)

Rudolph, Nicole C., *At Home in Postwar France: Modern Mass Housing and the Right to Comfort*(Oxford, 2015)

Rutherford, Janice Williams, *Selling Mrs Consumer: Christine Frederick and the Rise of Household Efficiency*(Athens, GA, 2003)

Sparke, Penny, *Domestic Appliances*(London, 1987)

Stevenson, Alexander, *Report on Domestic Refrigerating Machines, 1923–1925*(Schenectady, NY, 1923, with additions in 1924 and 25), p. 164, www.ashrae.org,

Ward, Peter, *A History of Domestic Space: Privacy and the Canadian Home*(Vancouver, 1999)

Watkins, Helen, "Fridge Space: Journeys of the Domestic Refrigerator", PhD thesis, University of Columbia, New York(2008), www.open.library.ubc.ca,

Weightman, Gavin, *The Frozen Water Trade*(New York, 2003)

Wilson, Bee,《포크를 생각하다》(London, 2012)

Woodham, Jonathan, *Twentieth-century Design*(Oxford, 1997)

감사의 말

우선 영국 과학박물관 그룹의 전·현직 동료들에게 고맙다는 말을 하고 싶다. 그동안 인내심을 가지고 이 책이 나아갈 방향을 제시해준 피터 모리스Peter Morris와 팀 분Tim Boon, 과학박물관의 소장품들 가운데서 훌륭한 이미지 자료를 찾고 새로 사진까지 찍어준 데이비드 엑스턴David Exton과 존 헤릭John Herrick, 제니 힐스Jennie Hills, SSPLScience and Society Picture Library에서 각종 디지털 이미지와 그 출처를 확인하는 데 힘써준 재스민 로저스Jasmine Rodgers와 제러마이아 솔락Jeremiah Solak, 출판에 관해 많은 조언을 해준 웬디 버퍼드Wendy Burford, 로우튼의 과학박물관 도서·기록보관소에서 옛 문헌 자료와 상업용 카탈로그 등을 찾아준 존 언더우드John Underwood와 더그 스팀슨Doug Stimson, 맨체스터 과학박물관 도서·기록보관소에서 실로 보물 같은 자료들을 발굴해낸 얀 힉스Jan Hicks, 그리고 책을 쓰는 내내 책상 앞에서 궁얼거리던 나를 감싸주고 멋진 유물과 기록물들을 찾아내어 큰 영감을 안겨주었던 과학박물관 그룹의 동료 큐레이터들에게 정말 이루 말할 수 없이 감사한 심정이다.

그 밖에 원고가 완성되길 끈기 있게 기다려주고 출판 전문가로서의 역량을 한껏 발휘해준 리액션북스 출판사의 비비안 콘스탄티노펄러스Vivian Constantinopoulos와 제스 챈들러Jess Chandler, 노련한 안목을 바탕으로 긴 시간 원고를 검토해준 제인 햄릿Jane Hamlett에게도 감사 인사를 전한다. 또한 냉장고나 아이스박스에 관한 개인 소장품, 시, 그림과 사진, 추억담, 예술 작품 등을 책에 소개할 수 있게 기꺼이 허락해주신 분들과 여러 기관 단체에도 감사의 말씀을 드린다.

끝으로, 살아계셨다면 분명 자랑스러운 눈길로 나를 칭찬했을 아버지께 고마움을 전하고 싶다. 오래전 특유의 입담으로 옛날 이야기를 늘어놓으시던 그 모습이 아직도 눈에 선하다. 아버지, 진심을 담아 당신께 이 책을 바칩니다.

사진출처

아래의 이미지 자료들을 사용하도록 허락해주신 각 저작권자 및 기관 관계자 분들께 감사의 말씀을 전한다.

Courtesy James Baker and Saskia Dijk: 290쪽(아래); courtesy Sarah and Cabriel Chrisman: 39쪽(왼 · 오른); © Daily Herald Archive/National Science & Media Museum/Science & Society Picture Library: 100쪽, 104쪽, 137쪽, 140쪽(위), 156쪽, 160쪽, 163쪽(위 · 아래), 122쪽(위); daverhead, Istock; 174쪽(아래); DuPont Magazine, XXIII/5, Published Collections, Hagley Museum & Library, Wilmington, DE : 194쪽(위); © Electrolux: 111쪽, 114쪽, 299쪽(오른); © Environmental Images/Universal Images Group/ Science & Society Picture Library; 273쪽; courtesy Frigidaire Advance Refrigeration, 1931, Published Collections, Hagley Museum & Library, Wilmington, DE , © Electrolux: 127쪽(오른); courtesy Hagley Museum & Library, Wilmington, DE: 110쪽; The Institution of Engineering and Technology Archives, London: 133쪽; © Kodak Collection/National Science & Media Museum/Science & Society Picture Library: 254쪽(위); Library of Congress, Washington, DC (Prints & Photographs Division): 77쪽(photograph by Lewis Wickes Hine), 150쪽(photograph by Thomas J. O'Halloran), 211쪽(photograph by Jack Delano), 224쪽(아래); Library of

Congress Washington, DC ~ FSA/OWI Collection: 220쪽(아래), 234쪽, 259쪽(아래); Library of Congress(Prints & Photographs Division) ~ Historic American Buildings Survey: 147쪽, 171쪽(아래); © Manchester Daily Express/Science & Society Picture Library: 215쪽; courtesy miSci-Museum of Innovation and Science: 97쪽(위·아래); © Museum of Science & Industry/Science & Society Picture Library: 105쪽, 127쪽(왼), 140쪽(아래), 141쪽(위), 196쪽, 220쪽(아래), 226쪽, 231쪽(위·아래), 259쪽(위); © David Nathan-Maister/Science & Society Picture Library: 254쪽(아래); © National Aeronautics & Space Administration NASA / Science & Society Picture Library: 288쪽(위); © National Railway Museum, York/Science & Society Picture Library: 70쪽(위), 210쪽(아래); © Walter Nurnberg/National Science & Media Museum/Science & Society Picture Library: 177쪽; © Zoë Paul, Courtesy The Breeder, Athens: 291쪽; courtesy Helen Peavitt: 116쪽, 170쪽(왼 위), 171쪽(아래), 242쪽; © Photographic Advertising Agency/National Science & Media Museum/Science & Society Picture Library: 164쪽, 188쪽; © Tony Ray-Jones/National Science & Media Museum/Science & Society Picture Library: 174쪽(위); © Royal Photographic Society/Science & Society Picture Library: 234쪽; © Science Museum/Science & Society Picture Library: 20쪽(위·아래), 24쪽, 28쪽(위·아래), 29쪽, 30쪽, 35쪽(아래), 37쪽, 54쪽, 56쪽(위·아래), 61쪽, 65쪽(위·아래), 70쪽(아래), 73쪽(왼·오른), 89쪽(왼·오른), 91쪽, 94쪽, 112쪽, 142쪽, 145쪽, 153쪽, 155쪽, 161쪽, 184쪽(왼·오른), 189쪽, 194쪽(아래), 195쪽, 200쪽, 229쪽(아래), 240쪽(왼·오른), 267쪽, 272쪽, 282쪽(위·아래), 283쪽, 286쪽(아래), 288쪽(아래), 299쪽(왼); © Science Museum/Science & Society Picture Library/with kind permission from James Lovelock: 270쪽; courtesy us Department of Agriculture: 290쪽(위); © Universal History Archive/ UIG /Science & Society Picture Library: 35쪽(위), 45쪽, 224쪽(위), 227쪽, 286쪽(위);

courtesy Iris veysey: 170쪽(왼 아래); courtesy Adrian Whicher: 170쪽(오른 위); courtesy Vivian Young; 170쪽

옮긴이 서종기
고려대학교 환경생태공학부를 졸업한 후 전문 번역가로 활동하고 있다.
옮긴 책으로《남자의 구두》,《광물, 역사를 바꾸다》,《훼손된 세상》,《마이클 조던》 등이 있다.

냉장고의 역사를 통해 살펴보는
필요의 탄생

첫판 1쇄 펴낸날 2021년 1월 22일
2쇄 펴낸날 2021년 3월 31일

지은이 헬렌 피빗
발행인 김혜경
편집인 김수진
책임편집 이지은 번역 서종기
편집기획 이은정 김교석 이지은 유예림 김수연 유승연 임지원
디자인 한승연 한은혜
경영지원국 안정숙
마케팅 문창운 정재연 박소현
회계 임옥희 양여진 김주연

펴낸곳 (주)도서출판 푸른숲
출판등록 2003년 12월 17일 제 406-2003-000032호
주소 경기도 파주시 회동길 57-9, 우편번호 10881
전화 031)955-1400(마케팅부), 031)955-1410(편집부)
팩스 031)955-1406(마케팅부), 031)955-1424(편집부)
홈페이지 www.prunsoop.co.kr
페이스북 www.facebook.com/prunsoop 인스타그램 @prunsoop

ISBN 979-11-5675-860-0 03400